"...The Foundation and Core of All the Arts of Fighting"

"...The Foundation and Core of All the Arts of Fighting"

The Long Sword Gloss of GNM Manuscript 3227a

Translated and edited by Michael Chidester

Transcribed by Dierk Hagedorn

HEMA Bookshelf

Published by HEMA Bookshelf, LLC
411a Highland Ave #141
Somerville, MA, 02144
www.hemabookshelf.com

© 2021 HEMA Bookshelf.
Recital translation © 2019 Harry Ridgeway.
Transcription © 2008-2021 Dierk Hagedorn.

Illustrations provided by the Germanisches Nationalmuseum in Nuremberg, Germany.
http://dlib.gnm.de/book/Hs3227a

All rights reserved.

No part of this work may be reproduced, distributed, or transmitted in any form or by any means, including photocopying, recording, or other electronic or mechanical methods, without the prior written permission of the author, except in the case of brief quotations embodied in critical reviews and certain other noncommercial uses permitted by copyright law.

Version 2.0, 2021

ISBN 978-1-953683-05-2

Library of Congress Control Number: 2021931231

Typeset in Libertinus Serif Display and Libertinus Sans, which are used under the Open Font License
http://libertine-fonts.org/

Table of contents

Preface	iii
Recital	1
Introduction	13
Foreword	33
The general teaching	35
The key pieces	52
The wrathful cut	52
The four exposures	60
The crooked cut	63
The crosswise cut	68
The cockeyed cut	75
Interlude	79
The part cut	80
The four lairs	88
The four parries	91
Pursuit	92
Crossing over	95
Setting off	96
Changing through	99
Pulling back	100
Running through	103
Slicing off	104
Pressing hands	107
Hanging	108
Winding	119
Summary	124
Bibliography	132
Acknowledgements	132
About the author	133

About the ms. 3227a

The **Pol Hausbuch** (ms. 3227a) is a German commonplace book (or *Hausbuch*) thought to have been created some time between 1389 and 1494. The original currently rests in the holdings of the Germanisches Nationalmuseum in Nuremberg, Germany.[1]

It's sometimes erroneously attributed to Hans (or "Hanko") Döbringer, when in fact he is but one of the four authors of a brief addendum to Johannes Liechtenauer's art of unarmored long sword fencing, which is also the only fencing material in the manuscript that appears in another fencing manual.[2]

What's more, the scribe who created this manuscript actually forgot to include Döbringer's name in that section, and had to insert it after the fact, leading JEFFREY FORGENG to comment once that if there's one person in the world who we can assume *didn't* write this book, it was the person whose name was skipped.[3]

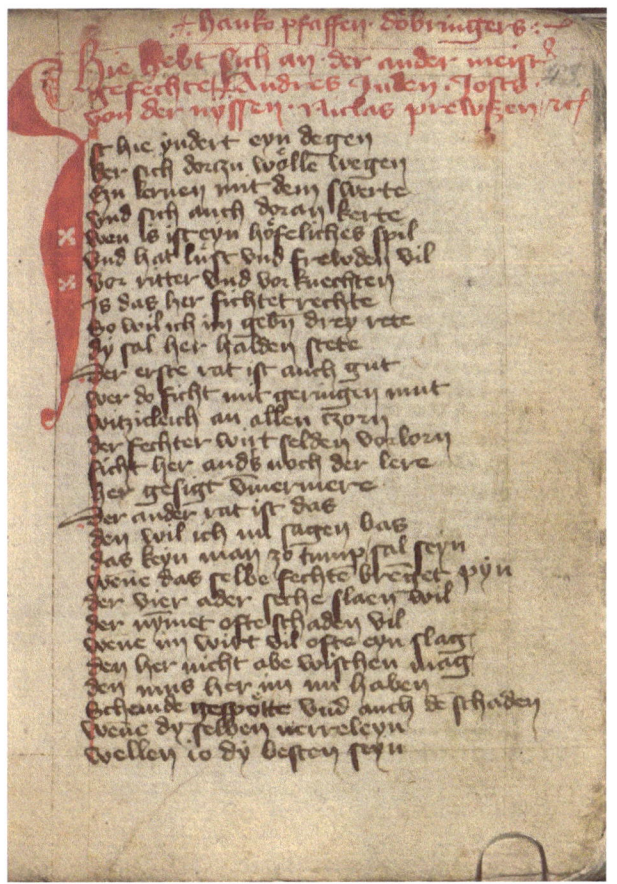

1: *Fol. 43ʳ, on which the scribe left out Hans Döbringer's name and had to insert in in the margin.*

Still, due to the long identification with Hans Döbringer, the anonymous author of this text is sometimes called "Pseudo-Döbringer", and the manuscript itself Codex Döbringer. I prefer to name it the Pol Hausbuch after its first known owner, Doctor Nicolaus Pol.

Assigning a date to the manuscript is equally problematic. It's often said to have been written in 1389,[4] based on a table on folio 83ᵛ which lists the number of Sundays between Epiphany and Ash Wednesday for the years 1390-1495 (often incorrectly described as a calendar). This misunderstands the nature of commonplace books like this, in which resources were copied onto their pages without necessarily being modified for relevance. Such tables were generally used by priests for planning sermons, and as long as it contained the years needed by its owner (or intended owner), there was no need to chop off years that had already passed or that were far in the future.

A more reliable date was offered by ONDŘEJ VODIČKA based on analysis of the script. Though he acknowledges that the date of 1389 is within the realm of possibility, he indicates that it's most likely that the manuscript was

---

[1] For more information about the ms. 3227a, see "Pol Hausbuch (MS 3227a)". *Wiktenauer*. http://wiktenauer.com/wiki/Pol_Hausbuch_(MS_3227a)

[2] Item # E.1939.65.341 at the Kelvingrove Museum in Glasgow. See "Glasgow Fechtbuch (MS E.1939.65.341)". *Wiktenauer*. http://wiktenauer.com/wiki/Glasgow_Fechtbuch_(MS_ E.1939.65.341)

[3] Public lecture.

[4] As in ŻABIŃSKI 2008 and LINDHOLM et al. "Cod. HS. 3227a, or Hanko Döbringer fechtbuch from 1389". 2005.

written in the first third of the 15th century.[5] This lines up nicely with the inclusion of contents like *Liber Ignis*, which was very rare in the late 14th century but much easier to come by in the early 15th.

The manuscript 3227a is a strange book, full of advice and recipes on all sorts of mundane and esoteric topics, ranging fencing and grappling to medicine and magic. In this way, it is typical of 15th century commonplace books, which tended to contain anything and everything that their owners found to be interesting.

The martial sections of the text consist of commentary (or gloss) on and expansion of the teachings of Liechtenauer, including other weapons not taught anywhere else such as sword and buckler, Messer, staff, dagger, and unarmed grappling. It also includes the only biographical details about the grand master yet discovered, and it's even possible that he was still alive at the time of its writing.

What makes Pseudo-Döbringer's writings most important is their uniqueness. Where the glosses of Sigmund Ainringck, Pseudo-Peter von Danzig, Lew, and Nicolaus are all based on a single (lost) original gloss, and that of Hans Medel is borrows heavily from Ainringck and Nicolaus, Pseudo-Döbringer's teachings show no awareness of or influence from any other text in the tradition (except the teachings in the addendum mentioned above). Instead, he presents a fresh perspective on Liechtenauer's teachings, and even brings traces of the scholastic tradition to the study of fencing.[6]

Furthermore, his writings on weapons other than the sword are the only evidence that Liechtenauer might have had teachings beyond what is contained in the Recital. It's possible, of course, that this author had only a tenuous connection to the Liechtenauer tradition and that he attributed teachings to it which were completely alien. We will probably never know.

A deeper cut

A little of the strangeness of ms. 3227a can be explained by understanding how it was made. For this description, I will be essentially recapping and combining the analyses published by ERIC BURKART in 2016[7] and by ON-

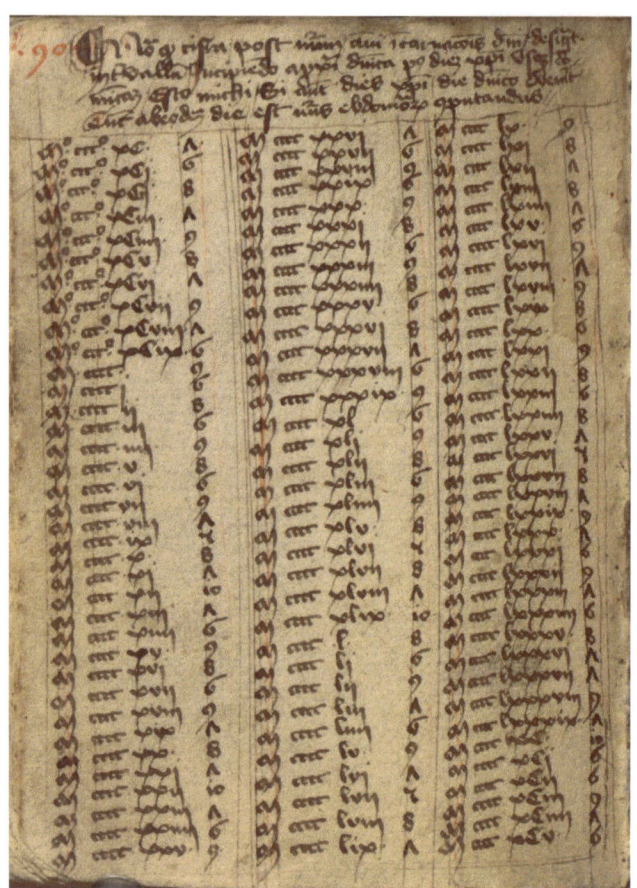

2: *Fol. 83ᵛ, containing a list of the intervals between Epiphany and Ash Wednesday in the 15th century.*

---

[5] VODIČKA 2019.
[6] See J. ACUTT. *Swords, Science, and Society.* Fallen Rook Publishing, 2019.
[7] BURKART 2016.

DŘEJ VODIČKA in 2019,[8] and adding some of my own commentary. If this interests you, you should read their papers next.

The manuscript consists of 166 leaves of paper and 3 of parchment (169 total). It is a tiny manuscript, measuring just 100 mm × 140 mm (4 × 5 ½ inches). The binding is a modern reproduction of a Medieval binding, with leather over wooden boards. A piece of tooled leather from the original front cover was preserved and is now mounted on the new cover. It has a single clasp, which might also have been preserved from the original binding.

The author of the manuscript 3227a is unknown, as I said earlier. He was clearly a fencer with some understanding of the teachings of Johannes Liechtenauer, though whether you consider him a fencing master with a deep understanding of the subject or merely a student with wild ideas will typically come down to how much you like his interpretations. BURKART assumes that the manuscript was written by this fencing master personally, but VODIČKA argues convincingly that this is not the case, and rather the master was dictating his commentary to a scribe.

In either case, the manuscript was largely written by a single scribe (apart from a note on folio 157^v by Nicolaus Pol). The rubrics (red text) seem to be in the same handwriting, but the larger red letters were added by a different rubricator based on tiny guide letters included by the scribe. This artist seems to have not understood or not cared about the text (since in a few places he drew the wrong letter, mangling the words).

3: *The current (reconstructed) cover of manuscript 3227a.*

There are two sets of page numbers, and they offer the first clues about the original composition of the manuscript. The back of each leaf (or *verso* side) is numbered in red ink in a 15th century script, whereas the front of each leaf (or *recto* side) is numbered in pencil by a modern hand. Figure 8 includes both page numbers for comparison.

These page numbers don't match up, and the gaps in the red numbering show us where pages were present early on and have since disappeared; the red numbers are written to fit around the text, showing that they were added after the manuscript was complete. In total, 21 numbered pages are missing from the current manuscript (see figure 8), though as we'll

---

[8] VODIČKA 2019.

I

II

III

IV

V

VI

VII

4: *The first phase of writing; the author dictates the Recital, and the scribe determines space for each section.*

see in a minute, others probably went missing before the red numbers were added.

The manuscript currently consists of twelve quires (stacks of paper that are folded in half to create two pages per sheet); the first ten each contain 13-17 folia (half-sheets) and appear to be part of the original plan of the manuscript, whereas the eleventh is a bundle of twenty-one single leaves that were glued together, and the twelfth is much shorter (only 8 folia) and was added to hold the index.

Only the first seven quires hold fencing teachings, so those are the ones I will focus on here. To make all this number juggling easier, I will refer to these quires by the Roman numerals that you see in the figures.

These details about the composition of the manuscript may seem dry, but they hold clues that can tell us a story about the process by which it was constructed.

Before the book was bound, each quire seems to have been assembled and treated as a small booklet, and some or all of the booklets had parchment covers. Most of the text was written in these booklets before they were bound together into a single book, and this allowed the scribe to fit more text on each page (Medieval bindings are very tight, and part of each page by the spine is generally inaccessible after binding). It's unclear whether the booklets were all created and intended for this manuscript from the beginning, or whether the scribe simply had a supply of them and added more as the contents of the manuscript grew.

The various pieces of writing in the manuscript never cross from one booklet to another, so individual quires are useful units to talk about in analyzing the text.

Manuscript 3227a was created in at least four phases. See figures 4-8 for a speculative reconstruction of each of these phases.[9]

In the first phase, the author dictated the text of Liechtenauer's Recital and the scribe recorded it in three booklets (quires II-IV), planning out space for the commentary on each section. Assuming the author had committed the Recital to memory (as most Liechtenauer fencers would have), it would certainly have made the most sense to begin with the part that he could rattle off effortlessly.

The mounted and armored verses receive much less blank space than the unarmored verses, so if commentary was planned for them, the scribe expected it to be brief. The unarmored verses are broken into the same standard sections as other glosses and statements of the Recital, but the amount of space left for each one varies considerably. Sometimes two sections were written on the same page, allowing only a quarter of a page for commentary on each, and other times up to five and a half pages were left blank.

---

[9] To create this visualization, I had to make a few assumptions: that each of the booklets started out the same length (16 folia), that all of them started out with parchment covers (even though only two covers survive), and that when pages were added during the process of writing, they were taken from another existing booklet. These are all justifiable, but they're not provable.

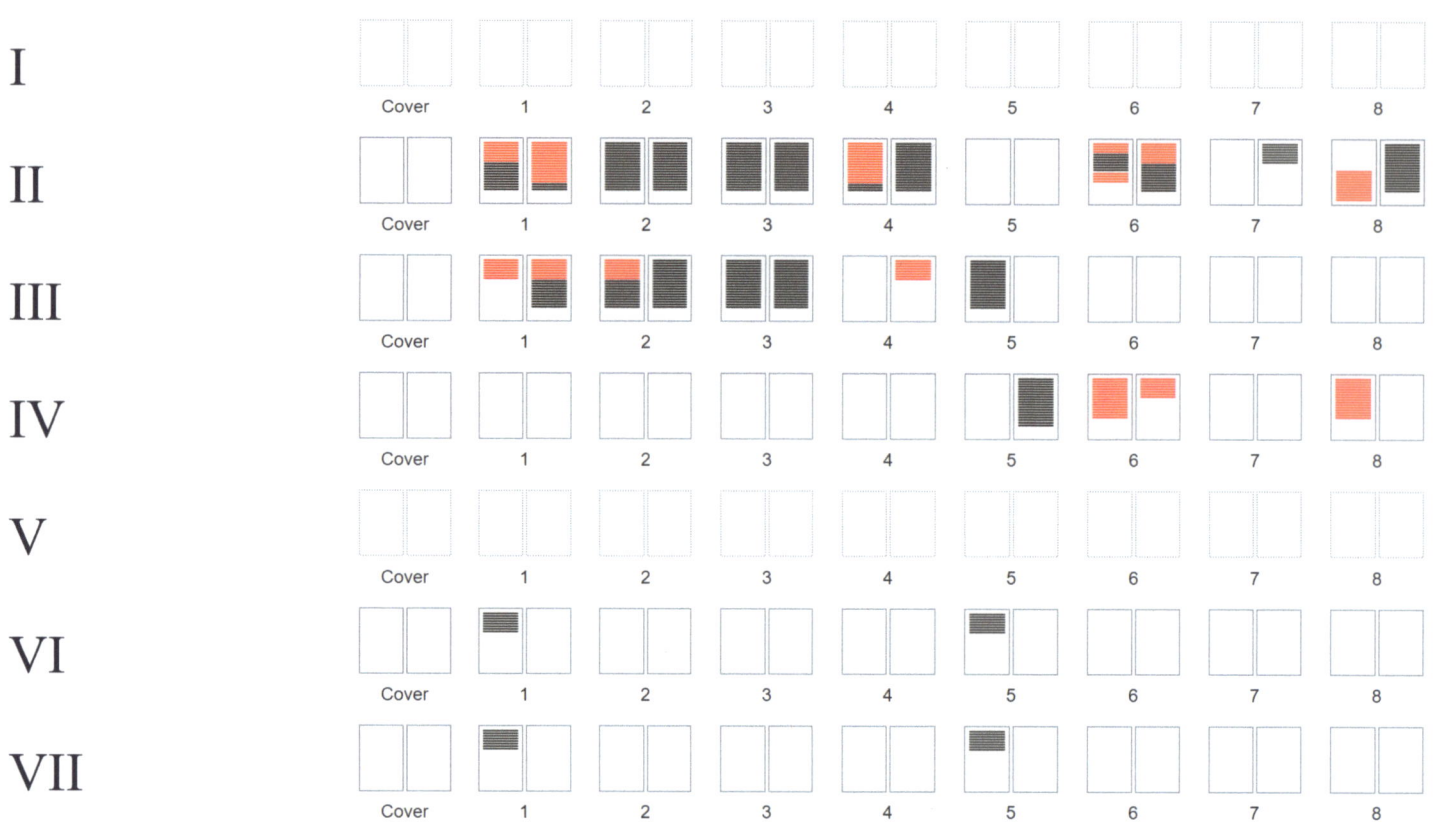

5: *The second phase of writing; the author begins to dictate his gloss of the Recital, and the scribe lays out the sections on other weapons.*

In the first pass, the scribe already included some extra verses that are not part of Liechtenauer's original Recital, apparently unique inventions of the author.

Once the verse was laid out, the second phase began. The author went back and began to add commentary for each segment. He jumped around a lot, skipping back and forth, and ultimately only added commentary for about half of the sections. This phase may also have been when two more booklets (VI and VII) were added and the plan was made for treatises on the buckler, staff, Messer, dagger, and wrestling; each section received an introductory paragraph, with blank space left for more commentary. (This could instead have been part of the first phase.)

The second phase is also when the treatise of the "other masters" (Andres Juden, Jobs von der Nyssen, Nicklass Prewßen, and "the Priest" Hans Döbringer) was written into the manuscript (10-15 of quire III and 5 of quire IV). This was probably a written record that the author had access to and wanted to include in his book, but it was potentially abridged during the copying. The text covers less than half of the blank pages allotted to it, and it includes a statement early on that many of the techniques of the masters had been omitted and only a few which were relevant for school fencing (from the iron gate) would be included.

In the third phase, the author went back and began to correct and expand the commentary from the second phase. It's unclear why this started before the initial commentary was completed.

Where the text from the second phase is fairly tidy and the pages are laid out neatly with small but comfortable margins, the third phase destroys that plan. Notes were written into the margins with carrots or lines indicating where they fit into the text. Extra verses were added into parts of the Recital. The writing in general is smaller and more cramped. When the author wanted to include a different poem about the virtues of fencing (possibly of his own devising), the scribe wrote it onto the blank cover of quire II.

In the general teaching, the author was apparently not satisfied with his explanation of the Five Words and the Leading Strike but had no more room to expand it, so the scribe pulled an entire bifolium (two-page sheet) from elsewhere and inserted it into quire II as two extra pages. This is where the author introduces the Following Strike as a counterpart to the Leading Strike, and the only place where he quotes Aristotle.

The third phase is also when quire I was added to hold the introduction, and quire V to hold the conclusion. The author began his commentary on the other weapons in this phase, describing wrestling, dagger, and Messer in varying levels of detail, but doesn't seem to have reached the buckler and staff teachings.

After the third phase, the commentary was clearly not complete, but the scribe seems to no longer have had access to the author. Perhaps he died, perhaps he moved to a different city, or perhaps he was just broke and no longer able to pay for the book.

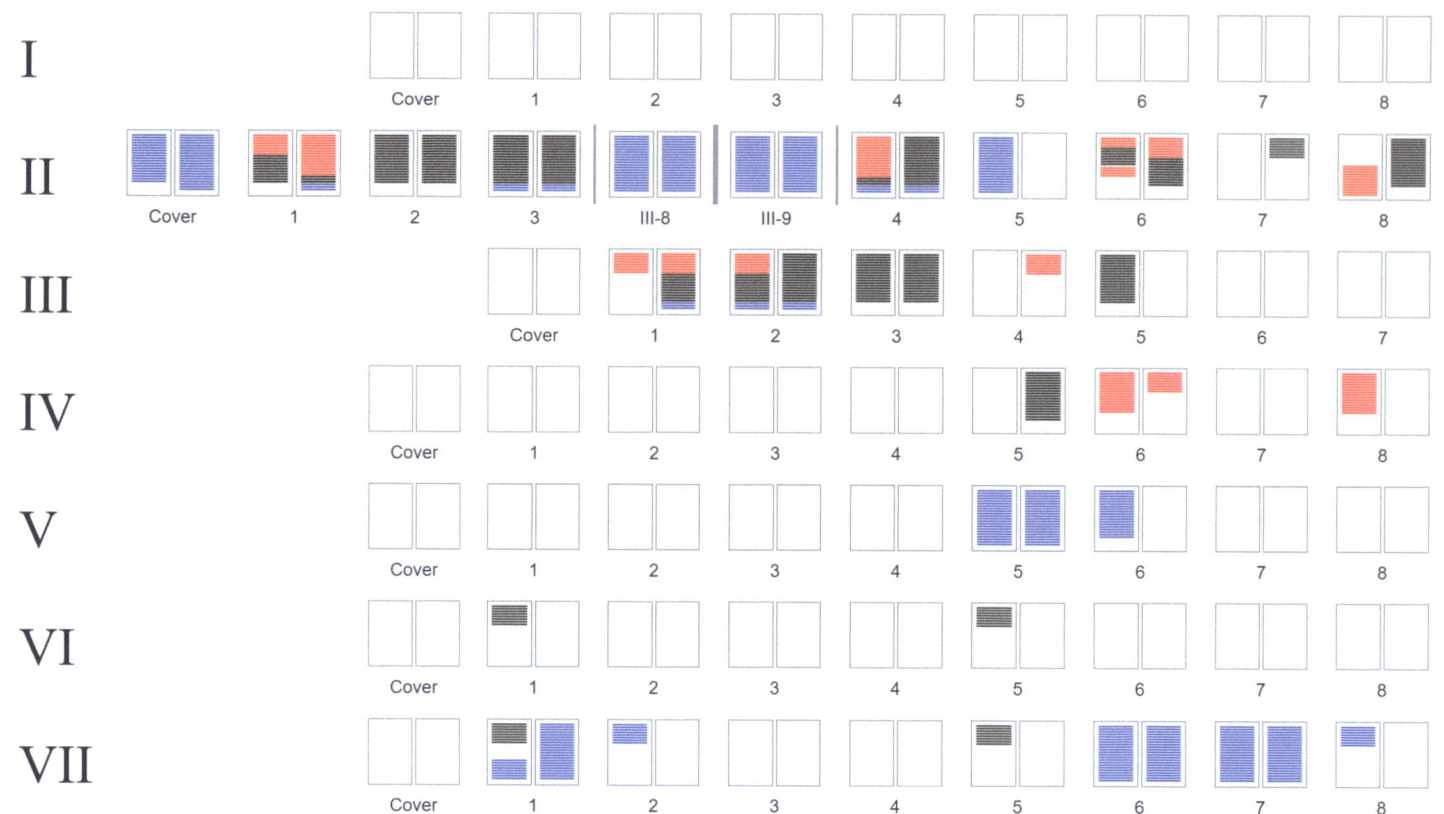

6: The third phase of writing; the author revises several sections of gloss, adds an introduction and conclusion, and begins to dictate his commentary on other weapons.

Whatever the reason, the fourth phase consists of the scribe filling out the rest of the manuscript—the beginning of quire I and the remainder of quires V-X—with suitably esoteric contents (alchemy, medicine, magic, etc.) that would make it sellable. The fact that the scribe didn't fill in any of the blank pages inside the fencing section suggests that perhaps the author was still alive, and the scribe hoped that at some point he would return to finish those sections.

Once the fourth phase was complete, the manuscript was bound. The ten quires of the original plan were joined by a stack of miscellaneous pages as quire XI and a short final index in quire XII. Only quires II and XII (and perhaps I) kept their parchment covers, and the back cover to II was later torn out. Around this time, the red page numbers were added, though a few pages had already fallen or been torn out by that time.

The rough state of the pages, with rounded corners and worn edges, tells us that the manuscript was probably used and carried quite a bit in its early years, and also that it might have first been bound in an inexpensive limp leather binding and only later received protective wooden boards.

About this book

What you hold in your hands is a rendering of the anonymous gloss of Liechtenauer's verses on long sword fencing (fencing with both hands on the grip) from 3227a. I have omitted the writings of Döbringer and the other

masters, as well as the other teachings attributed to Liechtenauer, in order to focus on one specific thread in this tapestry.

My primary intent with this translation was to produce a readable text that untangles a lot of the convoluted phrasing and conveys the core ideas as clearly as possible. This is a departure from my usual translation style—I actually love convoluted phrasing—but this text is so dense that it's hard to make sense of it any other way.

I prepared it for use in my gloss compilation project, where I reimagine Pseudo-Döbringer as an owner and marginal commentator on a copy of the combined Ainringck-Danzig-Lew-Nicolaus gloss. Some who saw it there asked for it to be released separately (and in an easier-to-read format), so here we are. I won't claim that this translation is as easy to read as other similar entries in the market, such as HARRY R.'s recent publication of the anonymous gloss of Pseudo-Peter von Danzig,[10] but I've done my best to put together a text that says what the author was trying to say in the clearest way I could.

This manuscript is extraordinarily dense and difficult, and in preparing this translation (and untangling the language) I relied heavily on the marvelous transcriptions of DIERK HAGEDORN,[11] a revised and corrected version

---

[10] R., HARRY. *Peter von Danzig*. Blurb.com, 2019. http://www.blurb.com/b/9442168-peter-von-danzig
[11] HAGEDORN, DIERK. "HS. 3227A". *Hammaborg Historischer Schwertkampf*, 2008. http://www.hammaborg.de/en/transkriptionen/3227a/index.php

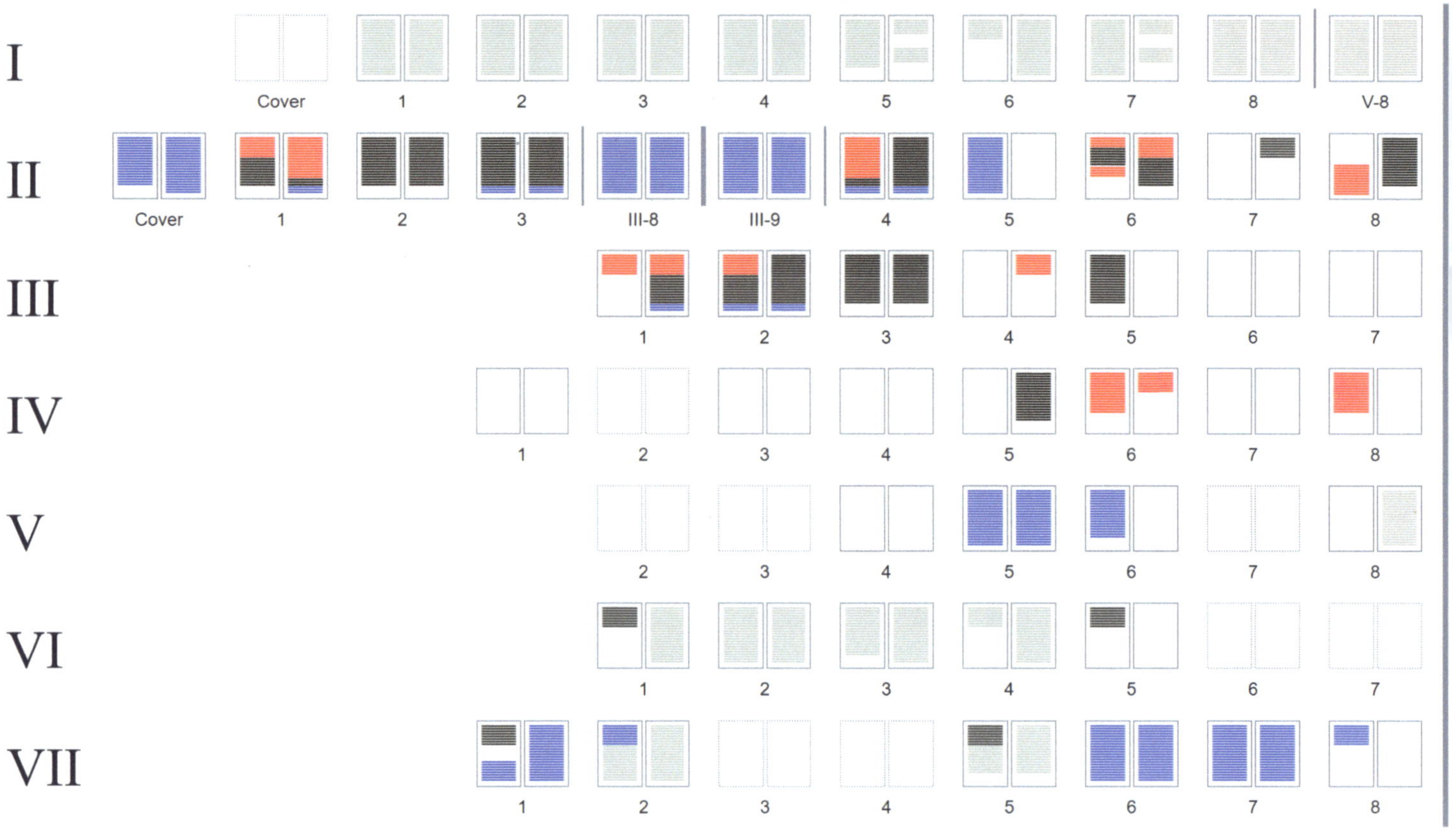

7: *The fourth phase of writing; the scribe loses access to the author, and fills out the manuscript with other esoteric writings. More pages are moved around or removed.*

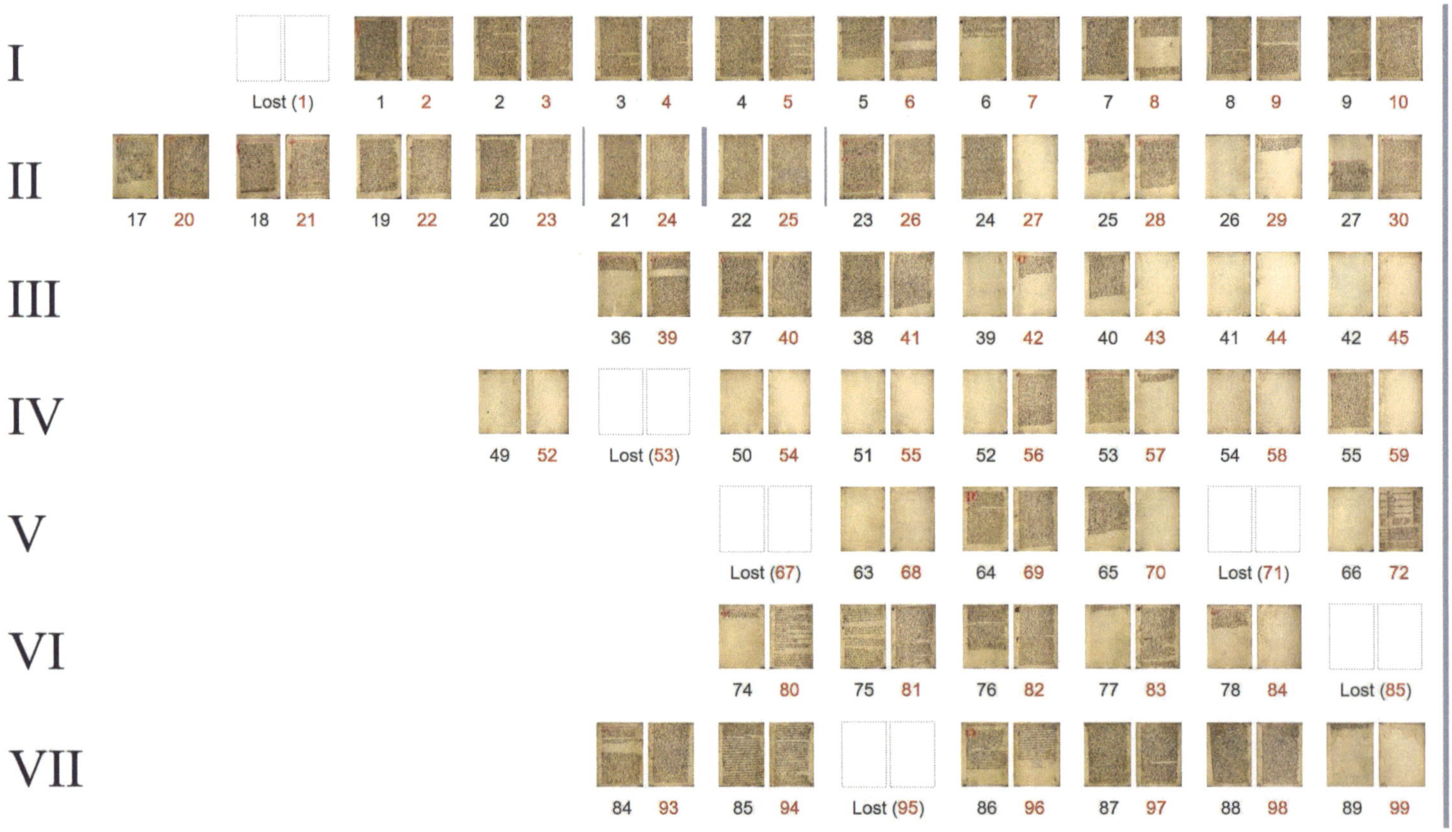

xii

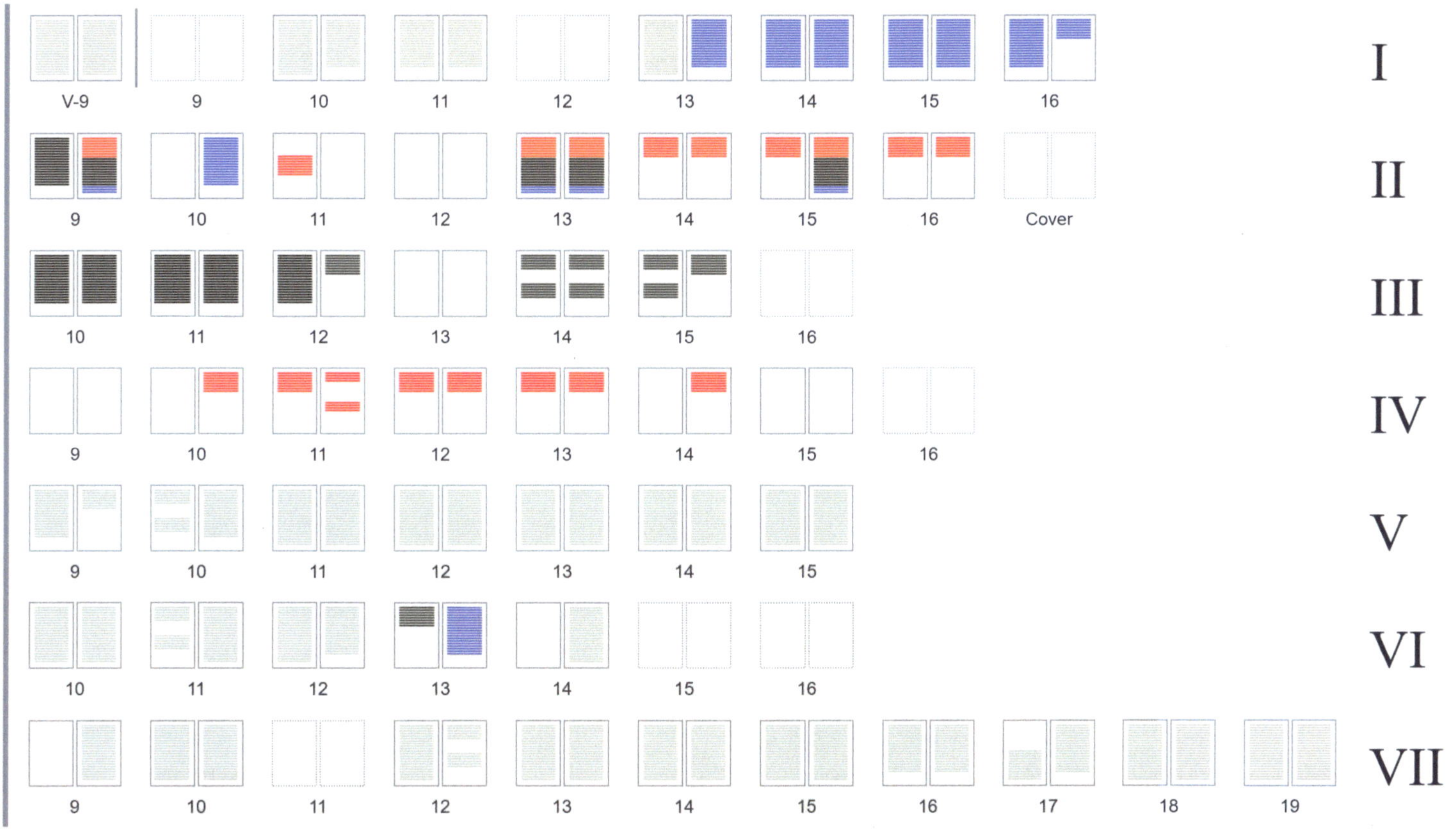

8: *The current configuration of the first seven quires of manuscript 3227a, including both the pencil and red ink page numbers.*

of which is included in this volume, and ONDŘEJ VODIČKA.[12]

I'm also deeply indebted to the pioneering work in the first years of the 21st century by DAVID LINDHOLM (and friends),[13] THOMAS STOEPPLER,[14] and GRZEGORZ ŻABIŃSKI,[15] as well as more recent efforts at translation and analysis by JENS P. KLEINAU[16] and CHRISTIAN TROSCLAIR (whose translation currently graces the Wiktenauer article).[17]

Rather than produce my own translation of Liechtenauer's core Recital, I have instead relied on a version of HARRY's remarkable rhyming translation (modified in places to better match my gloss translation and to remove the German words he sometimes uses). I chose this over a more literal translation, even though some meaning might be lost, for two reasons: first, because the Recital is not intended to convey meaning without the gloss (or without instruction from someone who understands it), so that's not much of a loss, and second, because having a rhyming poem explained in prose might give a tiny glimpse of the intended experience of a 15th century German learning Liechtenauer's art. Unfortunately, my own skills as a poet are not sufficient to attempt a similar rhyming translation of the unique verses in 3227a.

No translation can ever be truly unbiased. That said, 3227a, even more than most texts, stubbornly refuses a generic or neutral reading. All of the translations mentioned above are reflections of the interpretations of their authors, and mine is no different. Please forgive my mistakes as they become apparent in the future. HEMA is a journey of discovery for all of us.

It is my hope that this translation can now speak for itself, so I will offer only one small piece of interpretive advice. I once believed that Pseudo-Döbringer was presenting a unique interpretation of Liechten-auer's teachings, but after this work, it seems clear to me that his writings are very much in line with the teachings of other early glossators, and only his terminology differs much.

The core device of Pseudo-Döbringer's writings, the *Vorschlag* (leading strike) and *Nachschlag* (following strike), is not a unique teaching at all, but merely a more verbose treatment of Liechtenauer's general teaching. If you take and follow all of the advice in the general teaching at once (striking from your strong without waiting for your opponent's action,

---

[12] VODIČKA, ONDŘEJ. "Transcription of GNM Hs. 3227a". Wiktenauer. https://wiktenauer.com/wiki/File:Vodicka_Hs-3227a-transcription_ver17.pdf

[13] LINDHOLM, DAVID et al. "Cod.HS.3227a, or Hanko Döbringer fechtbuch from 1389". 2005. http://www.hroarr.com/manuals/liechtenauer/Dobringer_A5_sidebyside.pdf

[14] STOEPPLER, THOMAS. Private communication, 2006. Used in "Pol Hausbuch (MS 3227a)". *Wiktenauer*. 2013-2018.

[15] ŻABIŃSKI, GRZEGORZ. "Unarmored Longsword Combat by Master Liechtenauer via Priest Döbringer". *Masters of Medieval and Renaissance Martial Arts*. Ed. JEFFREY HULL. Boulder, CO: Paladin Press, 2008.

[16] KLEINAU, JENS P. Several articles. *Hans Talhoffer ~ A Historical Martial Arts blog by Jens P. Kleinau*. 2011-2015. http://talhoffer.wordpress.com/category/readable-manuscripts/gmn-3227a/

[17] TROSCLAIR, CHRISTIAN. Private communication, 2018. Used in "Pol Hausbuch (MS 3227a)". *Wiktenauer*. 2018-present.

strike Before your opponent, remain with your point in front of his face so you threaten him and he must parry, and then follow up on your attack with a hit to the nearest exposure), then you will be performing the leading strike and following strike in accordance with this teaching.

Indeed, it seems to me that even though the other glosses break the general teaching up into 5-6 chunks, they also intend you to apply it all at once, and simply lack a handy name to describe it.

In general, I recommend that you come to this text with two assumptions. First, that it is in general agreement with the other five glosses and the points of disagreement are minor. Second, that you don't understand the other five glosses nearly as well as you think you do, and Pseudo-Döbringer has lessons to teach you about them.

About the text

Transcription notes (from Dierk Hagedorn):

The transcription is based as faithfully as possible on the original. The letter "v" is not resolved into "u" or "v". Abbreviations have been expanded where possible, and the added letters indicated using *italics*.

The manuscript knows numerous ligatures that are no longer common in modern typesetting. These ligatures are broken down into their individual letters. Several different forms of the "s" continue to be used in the manuscript. The corresponding ligatures are also resolved, as is the letter combination of long and round "s" at the end of the word. All that remains is a »sz« ligature, which is represented by »ß«.

Upper- and lowercase are, by modern standards, quite arbitrary. Occasionally, in the middle of a sentence, a word is suddenly highlighted by a capital letter. In many cases the difference between the capital and the lowercase is so small that it was only possible to guess what was originally meant.

In contrast to other manuscripts, a "ÿ" with umlaut characters is extremely rare in this manuscript, sometimes there is only a single point above the "y". I completely dispensed with the umlaut-ÿ and transcribed it consistently with »y«. I have also given the occasional small "e" above the vowels "o" and "u" as an umlaut.

Translation notes:

While my translation style usually tends toward the cryptographic (or a fairly direct 1:1 relationship between the original text and the translation), I have tried a different approach here. Those of you who can read the transcription will soon notice that little effort was made to preserve German word order or speech patterns, clauses are moved around or collapsed together, and sometimes whole sentences are out of order. (Furthermore, words are often translated differently in different places.)

This is done for the sake of a readable and understandable treatise. It has, however, made breaking the text down by manuscript page very difficult. The page breaks are thus fairly arbitrary and often don't match up perfectly with the transcription on the same page.

Where marginal notes are inserted into the main text, this is indicated by the given symbol (usually a ✝ or #) followed by {curly brackets} containing the inserted text. Latin words and phrases are rendered in *italics*. Words or phrases that are underlined in red in the transcription are rendered in red ink in the translation.

Pseudo-Döbringer is notable among Liechtenauer authors because he expands the Recital to almost twice its typical length. In this book, lines of the standard Recital are given in red ink and assigned their couplet number (from 1 to 109), while extra lines appear in black ink and are given Roman numerals. (Some verses appear several times, and they are given the same numeral in each.) Also in red ink are quotations of Liechtenauer when they are appear in the gloss.

Finally, it is a custom in our community to leave certain magic words untranslated. I despise this practice and believe that the translator's job is to translate, so I have not left any German words in my translation. Instead, you will find such words rendered in **bold** text. This also allows me to present multiple translations for the same word in different places, and to use them as different parts of speech.

The Text

Some glosses, especially those in the pseudo-Peter von Danzig branch, clearly demarcate the Text, by which they mean Liechtenauer's Recital, and the Gloss, by which they mean the commentary and interpretation of the Recital.

Manuscript 3227a does not list the text of the Recital on long sword fencing in its own section separate from the gloss, as many other manuscripts do. I've decided to list the verses separately anyway for easier comparison and reference.

This is the general preface of the unarmored fencing on foot. Remember it well.

1. Young knight learn onward,
   For god have love, and ladies, honor,
2. Till your honor is earned,
   Practice chivalry, and learn,
3. Let the art grace you wholly,
   And in war bring you glory.
4. Wrestle well, grappler;
   Lance, spear, sword, and dagger,
5. Wield them, be brazen,
   In others' hands raze them.
6. Cut in and close fast,
   Advance to meet, or let it past.
7. Earn the envy of the wise,
   Win boundless praise before your eyes.
8. Therefore here behold the way,
   Every art is measured, weighed.
i. And whatever you wish to do,
   Shall stay in the realm of good reason.
ii. In earnest or in play,
    Have a joyous spirit, but in moderation
iii. So that you may pay attention
     And perform with a good spirit
iv. Whatever you shall do
    And whip up against him.
v. Because a good spirit with force
   Makes your resistance dauntless.
vi. Thereafter, conduct yourself so that
    You give no advantage with anything.
vii. Avoid imprudence.
     Don't engage four or six
viii. With your overconfidence.
      Be modest, that is good for you.
ix. It's a bold man
    Who dares to confront his equal,
x. But it's not shameful
   To flee from four or six at hand.

Das ist eyne gemeyne vorrede / des blozfechtens czu fuße / Das merke wol

1. JVng |Ritter lere ·
   got lip haben / frawen io ere /
2. |So wechst dein ere ·
   Übe ritterschaft · vnd lere /
3. |Kunst · dy dich czyret ·
   vnd in krigen sere hofiret /
4. |Ringens gut fesser ·
   glefney sper swert vnde messer /
5. |Menlich bederben ·
   vnde in andern henden vorterben /
6. |Haw dreyn vnd hort dar ·
   rawsche hin trif ader la varn /
7. |Das in dy weisen ·
   hassen dy man siet preisen /
8. |Dor auf dich zoße ·
   alle ding haben ~~limpf~~ lenge vnde moße /
i. |Vnd was du ~~trei~~ wilt treiben ·
   by guter vornunft saltu bleiben /
ii. |Czu ernst ader czu schimpf ·
    habe frölichen mut / mit limpf /
iii. |So magstu achten ·
     vnd mit gutem mute betrachten /
iv. |Was du salt füren ·
    vnd keyn im dich rüren /
v. |Wen guter mut mit kraft ·
   macht eyns wedersache czagehaft /
vi. |Dornoch dich richte ·
    gib keynem forteil mit ichte /
vii. |Tumkunheit meide ·
     vier ader sechs nicht vortreibe /
viii. |Mit deynem öbermut /
      bis sitik das ist dir gut /
ix. |Der ist eyn küner man ·
    der synen gleichen tar bestan /
x. |Is ist nicht schande ·
   vier ader sechze flien von hande /

Das ist eyne gemeyne lere des swertes

9. WIltu kunst schawen ·
   sich link gen vnd recht mete hawen /
10. |Vnd link mit rechten ·
    is das du stark gerest fechten /
11. |Wer noch get hewen ·
    der darf sich kunst kleyne frewen /
12. |haw nu was du wilt ·
    keyn wechsler kawm an dich schild /
xi. † {|Haw nicht czum swerte
    zonder / stets der bloße warte /}
13. |Czu koppe czu leibe ·
    dy czecken do nicht vormeide /
14. |Mit ganczem leibe ·
    ficht was du stark gerest treiben /
15. |Höer was do slecht ist ·
    ficht nicht oben link zo du recht pist /
16. |Vnd ob du link pist ·
    ym rechten ᵃᵘᶜʰ sere hinkest /
xii. |So vicht io liber ·
     von oben ~~recht~~ ˡⁱⁿᵏischen nider /
17. ¶ |Vor · |noch · dy czwey dink ·
    syn allen kunsten eyn orsprink /
18. |Swach · vnde · |sterke ·
    |Indes · das wort mete merke /
19. |So machstu leren ·
    mit / ~~vnd erb~~ kunst vnd erbeit dich weren /
20. |Irschrikstu gerne ·
    keyn fechten nymmer lerne /
xiii. |Kunheit vnd rischeit ·
      vorsichtikeit list vnd klugheit /
xiv. †† {|Vornunft verborgenheit /
     moße ~~be~~vorbetrachtunge / ~~hobsheit~~ / ᶠᵉᵗⁱᵏᵉⁱᵗ /}
xv. |Wil fechten haben ·
    vnd frölichs gemüte tragen

This is the general teaching of the sword.

9. To have the art within your sight,
   Set left forth and cut with right,
10. You will find that left with right
    Is the strongest way for you to fight.
11. He who waits for cuts and follows,
    In this art finds naught but sorrow.
12. A nearing cut is good to do,
    Your shield to stop him changing through.
xi. † {Do not cut toward his sword,
    But rather seek out his exposures.}
13. Toward head and body and the head,
    And the flesh-wounds do not forget.
14. With your whole body shall you fight,
    For that is how you fence with might.
15. Another rule you should not slight:
    Fence not from left when you are right.
16. If with your left is how you fight,
    You'll fence much weaker from the right.
xii. So always prefer to fence
     Downward from the left side.
17. Before and After, these two things,
    Which are to all arts a wellspring.
18. Likewise there is Weak and Strong,
    And the word 'Within', remember hereon.
19. You can learn, then,
    With skill, to work and defend.
20. If you easily take fright,
    You shouldn't ever learn to fight.
xiii. Audacity and speed,
      prudence, cunning and ingenuity,
xiv. †† {Reason, stealth,
     moderation, deliberation, readiness;}
xv. Fencing must have all of this
    and carry a joyous spirit.

This is the text in which he names the five strikes and the other pieces of his fencing.

21	**L**earn five strikes, To the guard from the right. [18]
23	Wrath strike curves thwarts, Has glancing with parts.
24	While the fool will parry, Pursue, overrun, stab and harry.
25	Pull back and disengage, Run through, press hands, and slice away.
26	Hang and wind to exposures below and above, Strike and catch, sweep, and thrust with a shove.

This is about the wrathful cut, etc.

27	**W**ho cuts from above in any way, The wrathful cut's point keeps him at bay.
28	If he sees and fends you off, Be fearless, take it off above.
29	Wind and thrust if he holds strong so; If he sets you off, take it below.
30	Now remember this part: Cut and thrust, lay Soft or Hard;
31	Within the Before and the After, Be careful, and do not rush to the war.
32	Those who rashly seek the bind, Shame above and below is all they'll find.
33	Howsoever you will wind, Cut, thrust, slice you seek to find.
34	Further, you should learn to choose Which of them should best suit you.
35	In whatever way you've bound, Many masters you'll confound.
xi	Do not cut toward his sword, But rather seek his exposures.
xvi	Toward his head, toward his body, If you wish to remain unharmed.
xvii	Whether you hit or you miss, Always target his exposures.

Das ist der / text / in deme her nennet / dy fünff / hewe vnd andere stöcke des fechtens

21	**F**Vnf hewe lere · von der rechten hant were dy were /
23	|Cornhaw · |krump · |twere · hat |schiler mit |scheitelere /
24	|Alber |vorsatzt · |nochreist · |öberlawft hewe letzt /
25	·|Durchwechselt · |czukt · |durchlawft / |abesneit · |hende |drukt /
26	|Henge · |wind · mit blößen /· |slag · vach · |strich · |stich mit stößen /·

Das ist von deme Czornhawe etc ~

27	**D**Er[19] dir oberhawet · |czornhaw ort deme drewet /
28	|Wirt her is gewar · nym is oben ab / ane vaer /
29	|Pis sterker / weder wint / stich / |siet her is / |nym is neder /
30	|Das eben merke · |hewe · |stiche · |leger |weich · ader |herte /
31	|Indes vnd · |vor · |noch · ane hurt deme krige sey nicht goch /
32	|wes der krig remet · oben / neden wirt her beschemet /
33	|In allen winden /· |hewe · |stiche · |snete · lere finden /
34	|Auch saltu mete prüfen |hewe |stiche ader |snete /
35	|In allen treffen /· den meistern wiltu sie effen /
xi	|Haw nicht czum swerte · zonder stets der blößen warte /
xvi	|Czu koppe czu leibe · wiltu an schaden bleyben /
xvii	|du trefts ~~ader~~ ader velest · zo trachte das du der blossen remest

---

[18] Verse 22 is omitted for unknown reasons. It states, "And this we can promise, / Your art will be glorious."
[19] A guide letter "w" is visible under the "D" (apparently ignored by the rubricator), making the intended word "Wer".

xviii	*{|In aller lere / den ort / keyn den blößen kere /	xviii	*{In every lesson, Turn your point against his exposures.
xix	|Wer weit vmbe hewet / der wirt oft sere bescheme[t]	xix	Whoever swings around widely, He will often be shamed severely.
xx	|Off das aller neste / brenge hewe stiche dar gew[isse?]	xx	Toward the nearest exposure, Cut and thrust with suddenness.
xxi	|Vnd salt auch io schreiten / eyme czu der rechten seiten /	xxi	And also step always Toward your right side with it,
xxii	[So magstu mit gewynne] fechtens ader ringens begynnen/}	xxii	So you may begin Fencing or wrestling with advantage.}

Das ist von den vier blössen etc etc

This is about the four exposures, etc., etc.

36	VIer blößen wisse · remen zo slestu gewisse /	36	Four exposures know, To truly guide your blow.
37	|An alle var · an zweifel wy her gebar	37	Without fear or doubt, For what he'll bring about.

Von den vier blössen / wy man dy bricht

How to break the four exposures.

38	WIltu dich rechen / vier · blössen kunstlichen brechen /	38	Redeem yourself by taking Four exposures by their breakings.
39	|Oben duplire · do neden rechten mutire /	39	To above, you redouble, Transmute low without trouble.
40	|Ich sage vorware · sich schötzt keyn man /|ane vare /	40	Now do not forget, No one defends without a threat.
41	|Hastu vornomen · czu slage mag her kleyne komen ·~	41	If this is well known, Rarely will he come to blows.

Das ist von deme krumphawe / etc

This is about the crooked cut, etc.

42	KRump auf / behende · wirf deynen ort auf dy hende /	42	Throw the curve, and don't be slow, Onto his hands your point should go.
43	|krump wer wol setczet · mit schreten vil hewe letczet /	43	Many strikes you will offset, With a curve and with good steps.
44	|Haw krump czun flechen · den meistern wiltu sie swechen /	44	Cut the curve to the flat, Weaken masters with that.
45	|Wen is klitzt oben · stant abe das wil ich loben /	45	When it clashes above, Step off, that I will love.
46	|Krump nicht kurcz hawe · durchwechsel do mete schawe	46	Cut short, and curve not, If the changing through is sought.
47	¶ |Krump wer dich irret · der edele krig den vor virret /	47	Curve who'd distress you, Confuse, bind, and press him,
48	|Das her nicht vorwar · weis wo her sye ane var	48	Give him no way to know Where he's safe from your blow.

[The Avoidance]

53	Avoid and mislead,	
	Then hit low where you please.	
54	The inverter equips you,	
	To run through and grip, too.	
55	Take the elbow to bring	
	Him off balance, and spring.	
56	Avoid twice;	
	If you touch, make a slice.	
57	Double it and on it goes,	
	Step in left and don't be slow.	
xxiii	Because all fencing	
	Will by rights have speed,	
xiii	And also audacity,	
	Prudence, cunning, and ingenuity.	

This is about the crosswise cut, etc.

49	What comes from the sky,
	The cross takes in its stride.
50	Cut across with the strong,
	And be sure to work on.
51	To the plow drive across,
	Yoke it hard to the ox.
52	Take a leap and cross well,
	And his head is imperiled.

This is about the glancing cut.

58	The glancer disrupts
	What the buffalo cuts or thrusts.
59	The glancer endangers
	Whoever threatens the changer.
60	If he looks short to you,
	Defeat him by changing through.
61	To the point glance goes,
	Take his neck boldly so.
62	Glance up high instead
	To endanger his hands and head.
xxiv	# {Glance to the right,
	If you want to fence well.
xxv	The glancing cut I prize,
	If it doesn't come too lazily.}

#

53	☞ ¶| |Veller wer füret ·
	von vnden noch ~~wonch~~ wonsche her rüret /
54	|Vorkerer twinget ·
	durchlawfer auch mete ringet /
55	|den ellenbogen ·
	gewis nym / sprink yn den wogen /
56	|Veller czwefache ·
	trift man den snet mete mache /
57	|Czwefaches vorpas ·
	schreit yn link vnd weze nicht las /
xxiii	|wen alles vechten ·
	wil rischeit haben von rechte /
xiii	|Dorczu auch kunheit ·
	vorsichtikeit list vnde klugheit

Das ist von deme Twerehawe / etc

49	TWere benymmet ·
	was von dem tage dar kümmet /
50	|Twere mit der sterke ·
	deyn arbeit do mete merke /
51	|Twere czu dem pfluge ·
	czu den ochsen herte gefuge /
52	|Was sich wol tweret ·
	mit sprüngen dem ʰᵉʷ geferet /

Das ist von deme schilhawe : ~

58	SChiler in bricht ·
	was püffel nü slet ader sticht /
59	|wer wechsel drawet ·
	schiler dor aus in berawbet
60	¶ |Schil kürczt her dich an ·
	~~das~~ durchwechsel das sigt ym an /
61	|Schil czu dem orte ·
	vnd nym den hals ane vorchte /
62	|Schil in dem öbern ·
	hawpte hende wiltu bedöbern /
xxiv	# {|Schil ken dem rechten /
	is daz du wol gerest vechten /
xxv	|den schilhaw ich preize ·
	kumpt her dar nicht czu leize}

Das ist von deme scheitelhawe etc ~

63	DEr scheitelere · deyn antlitz ist ym gefere /
64	|Mit seinem karen · der broste vaste gewaren
65	¶| |Was von ym kümet · dy crone das abe nymmet
66	¶| |Sneyt durch dy krone · zo brichstu sie harte schone /
67	·|Dy striche drücke · mit sneten sie abe rücke /
xxv	|Den scheitelhaw ich preize / kümpt her dar / nicht czu leize /

¶ Das ist von den vier leger / etc ~

68	VIer leger alleyne · do von halt vnd flewg dy gemeyne /
69	|Ochse · |pflug · |alber ·/· |vom tage nicht sy dir ümmer
xxvi	¶| |Alber io bricht · was man hewt ader sticht /
xxvii	|Mit hengen streiche · nochreizen setze gleiche / ·

Das ist von vier vorsetczen / etc etc

70	VIer sint vorsetczen · dy dy leger auch sere letczen
71	¶| |Vorsetczen hüt dich · geschiet das auch sere müt dich /
72	|Ab dir vorsatzt ist · vnd wy das dar komen ist /
73	|Höre was ich rate · streich abe · haw snel mete drate /
74	|Setzt an vier enden · bleib droffe kere wiltu enden
xxviii	# {|wer wol vorsetczit / de[s?] vechte[n?] vil hewe letczit /
xxix	|wen yn dy hengen / kumpstu mit vorsetczen behende /}

This is about the part cut, etc.

63	Strike from your part And threaten his face with art.
64	When it turns it will set On his chest with great threat.
65	What the parter brings forth, The crown drives it off,
66	So slice through the crown, And you break it well down.
67	Press the sweeping attacks, With a slice and pull back.
xxv	The part cut I prize, If it doesn't come too lazily.

This is about the four lairs, etc.

68	Lie in four lairs, And the others forswear.
69	Ox and plow, and the fool too, And the day should not be unknown to you.
xxvi	The fool always counters What the man cuts or thrusts
xxvii	With hanging, sweeps, Pursuit, and simultaneous parries.

This is about the four parries, etc., etc.

70	The parries are four, They leave lairs well sored.
71	Of parrying, beware: You should not be caught there.
72	If parrying befalls you, As it can happen to do,
73	Hear now what I say: Wrench off, slice away!
74	Set upon to four extents; Stay thereon if you want to end.
xxviii	# {*Many strikes you'll hurt and harry* *If you fence with proper parries,*[20]
xxix	Because when you parry, You come swiftly into the hangers.}

---

[20] This verse is phrased similarly to 43.

This is about pursuit, etc., etc.

75	Learn the twofold pursuit, And the guard, to slice through.
76	The ways to lead out are double, From there work and struggle.
77	And determine what he seeks, Hard or Soft in his techniques.
78	Learn to feel with discipline; The word that cuts deepest is 'Within'.
79	Learn the pursuit twice, If it touches, make a good old slice.
xxx	*In whatever way you've bound,* *All the strong you will confound.*[21]
xviii	In every lesson, Turn your point against his face.
xxxi	Pursue with your entire body So that your point stays on.
xxxii	Also learn to swiftly wrench, So you may end well.

This is about crossing over. Fencer, notice it.

80	Whoever aims to take it below, By the crossing over, their folly show.
81	When it clashes above, Remain Strong, that I will love.
82	See your work be done, Or press doubly hard upon.
xxxiii	Whoever presses you down, Cross over him and strike sharply again.
xxxiv	From both sides cross over, And remember the slices.

This is about setting off. Learn this well.

83	The setting off, learn to do, That cuts and thrusts be ruined before you.
84	Whoever makes a thrust at you, Your point meets his and breaks it through.
85	From the right and from the left, Always meet him if you'll step.
xviii	In every lesson, Turn your point against his face.

Das ist von nochreisen etc etc

75	NOchreisen lere · czwefach s ader sneit in dy were /
76	|Czwey ewsere mynne · der erbeit dornoch begynne /
77	|Vnd prüff dy ferte · ab sye sint <u>weich</u> ader <u>herte</u> /
78	|Das fülen lere · <u>Indes</u> · das wort sneidet sere /
79	|Reisen czwefache · den alden snet mete mache /
xxx	|Volge allen treffen · den starken wiltu sy effen /
xviii	|In aller lere / den ort keyn eyns gesichte kere /
xxxi	|Mit ganczem leibe / nochreize / deyn ort io da pleibe /
xxxii	|lere auch behende / reizen / zo magstu wol enden

Das ist von öberlawfen · ffechter sich czu /

80	WEr vnden remet · öberlawf den / der wirt beschemet /
81	|Wen is klitzt oben · so sterke das ger ich loben /
82	|Deyn erbeit mache · ader herte drücke czwefache /
xxxiii	·|Wer dich drükt neder · öberlawf in · slach sere weder /
xxxiv	|Von beiden seiten · öberlawf vnd merke dy sneiden /

Das ist von abesetczen / das lere wol ~

83	LEre abesetczen · hewe stiche künstlichen letczen /
84	|Wer auf dich sticht · dyn ort trift vnd seynen bricht /
85	|Von payden seyten · trif allemal wiltu schreiten /
xviii	|In aller lere / deyn ort keyn eyns gesichte kere /

---

[21] This verse is phrased similarly to both 35 and 90.

Das ist vom durchwechsel / etc etc

86	DVrchwechsel lere ·	
	von payden seyten stich mete sere /	
87	Wer auf dich bindet ·	
	durchwechsel in schire vindet /	
xxxv	† {|Wen du durchwechselt hast /	
	slach · stich · ader winde \ _{nicht laz}	
xxxvi	|Haw nicht czum swerte /	
	durchwechsel · do mete _{warte}}	

Das ist vom Czücken / Fechter merke /

88	TRit nü in bünde ·
	das czücken gibt gute fünde /
89	|Czük / trift her / czucke/me ·
	erbeit her / wind / das tut im we /
90	|Czük alle treffen ·
	den meisten wiltu sye effen /
xxxvii	·|Czuk/ab vom swerte ·
	vnd gedenke io deyner ferte / ~~durchlawf~~ /

Das ist von durchlawfen / nü sich

91	DVrchlawf loz hangen ·
	mit dem knawf / greif wiltu rangen ·
92	|Wer kegen der sterke ·
	durchlawfir do mete merke /
xxxviii	|Durchlawf / vnd stos ·
	vorkere / greift her noch dem klos /

Das ist von abesneiden etc etc ~

93	SNeit abe dy herten ·
	von vnden in beiden ferten /
94	|Vier sint der snete ·
	czwene vnden · czwene oben mete /
xxxix	|Czwir wer wol sneidet ·
	den schaden her gerne meidet /
xl	|Sneit nicht in vreize ·
	betrachten io vor dy reize /
xli	|du magst wol sneiden ·
	alle krewtz / nür reisen vormeiden /
xlii	|wiltu ane schaden bleiben /
	zo bis nicht gee mit dem / sneiden

This is about changing through, etc., etc.

86	Learn to change through,
	And cruelly thrust on both sides too.
87	All of those who seek the bind,
	Changing through will surely find.
xxxv	† {When you have changed through,
	strike, thrust, or wind, be not lax.
xxxvi	Do not cut toward his sword,
	change through and seek with that.}

This is about pulling back. Fencer, remember.

88	Step up close into the bind,
	Pull back, and what you seek you'll find.
89	Pull back, and if he meets, pull more,
	Work and find what makes him sore.
90	Pull back whenever you are bound,
	And many masters you'll confound.
xxxvii	Pull back from the sword
	And carefully consider your way.

This is about running through, notice now.

91	Run through, hang it to the floor
	By the pommel, then bring grips for sure.
92	For those who strongly approach you,
	Do remember the running through.
xxxviii	Run through and shove.
	Invert if he grabs for the hilt.

This is about slicing off, etc., etc.

93	When it's firm, slice away,
	From below, you slice both ways.
94	And the slices, they number four,
	Two below; above, two more.
xxxix	Slice whoever will cross you,
	To eagerly avoid injury.
xl	Do not slice in fright,
	First consider wrenching.
xli	You can slice well in any crossing,
	If you omit the wrenching.
xlii	If you wish to remain unharmed,
	Then don't move with the slicing.

This is about pressing the hands, etc., etc.

95	Turn your edge just like that, Press his hands onto the flat.
xliii	One thing is turning, Another is twisting, the third is hanging.
xliv	If you want to make fencers despair, Then always press while shoving.
xlv	Over his hands, Cut and slice swiftly.
xlvi	Also draw the slices Above, over his head.
xlvii	Whoever presses the hands Pulls his fingers back without injury.

This is about hanging. Fencer, learn this, etc.

96	There are the two ways to hang: From the ground, from your hand.
97	In every attack, whether cut or a thrust, The Hard and the Soft lie within, you can trust.
98	In the window freely stand, Watch his manner close at hand.
99	Whoever pulls back, Strike in with a snap.
100	Now do not forget No one defends without a threat.
101	And if this is well-known, Rarely will he come to blows.
xlviii	As you remain, On the sword, then also make
xlix	Cuts, thrusts, or slices. Remember to feel into it
l	Without any preference. Also do not flee from the sword
li	Because masterful fencing Is rightly at the sword.
lii	Whoever binds on you, The war wrestles with him severely.
liii	The noble winding Can also surely find him.
liv	With cutting, with thrusting, And with slicing you surely find him.

Das ist von hende drücken/ etc etc

95	DEyn sneide wende · czum flechen drücke dy hende /
xliii	|Eyn anders / ist |wenden · eyns |winden · das dritten |hengen /
xliv	|Wiltu machen vordrossen · dy vechter / zo drucke mit stössen /
xlv	·|Ober dy hende / ~~hewstu~~ |hewet man snete behende /
xlvi	|Czewch och dyn snete · |oben aus öber dem hewpte /
xlvii	·|Wer hende drückit / ane schaden / vor finger czückit /

Das ist von hengen / ffecht° daz lere / etc

96	CZwey hengen werden · aus eyner hant von der erden /
97	|In allen / ^{ge}ferten / |hewe · |stiche · |leger · |weich ader |herte /
98	|Sprechfenster mache · stant frölich sich syne sache / ~~Seh~~ /
99	|Slach · das her snabe · wer vor dir zich czewt abe /
100	|Ich sage vor ware / sich schützt keyn man ane vare /
101	|Hastu vornomen · czu slage mag her kleyne komen /
xlviii	|Is das du bleibest · am swerte da mete auch treibest /
xlix	|Hewe |stiche ader |snete · das |fülen merke mete /
l	|An alles vor~~ezh~~czihen · vom swerte du /^{auch} nicht salt flien /
li	|wen meister gefechte / ist am swerte von rechte /
lii	|wer an dich bindet · krik mit im sere ringet /
liii	|Das edle winden · kan in auch schire vinden /
liv	|Mit |hewen mit |stichen mit |sneten vindest in werlichen /

[32]	|In allen winden |hewe |stiche |snete saltu vinden /	[32]	*Howsoever you will wind,* *Cut, thrust, slice you seek to find.*
lv	|Das edle hengen / wil nicht syn an dy winden	lv	And the noble hanging Should not be without the winding.
lvi	|wen aus den hengen · saltu dy winden brengen /	lvi	Because from the hangers You bring forth the winding.

[Winding]

108	VOn beiden seiten / ler acht winden mit schreiten /	108	On both sides this applies: Learn to step with eight winds.
106	|Vnd io ir eyne / der winden mit dreyn stöcken meyne /	106	And each wind of the blade Into three can be made:
107	|So synt ir czwenczik · vnd vier / czele sy enczik /	107	Twenty-four can be named, Though they're one and the same.
105	|Fechter · das · achte / vnd dy winden rechte betrachte /	105	And eight winds there are, If you rightly regard,
lviii	|Vnd lere sy wol furen / zo magst du dy vier blößen rüren /	lviii	And learn to lead them well, So you may hit the four exposures.
lix	|Wen itzliche blösse / hat sechs ruren gewisse /	lix	Because each exposure Can be hit in six ways.

The Gloss

What follows is the text and gloss of the Recital by pseudo-Hans Döbringer. The format is a picture of the manuscript page on one side, and the transcription and translation on the other side.

The manuscript pages are presented here at their actual size, and are arranged so that when you hold a translation page straight up, you can look at both manuscript pages that face each other in the manuscript.

HIe hebt sich an meister
lichtenawers kunst des
fechtens mit deme swerte
zu fusse vnd zu rosse
blos vnd yn harnuische /
Vnd vor allen dingen
vnd sachen saltu mercke
vnd wissen das nur eyne kunst ist
des swertes vnd dy mag vor manche
hundert Iare seyn funden vnd is dacht
vnd dy ist eyn grunt vnd kern aller
kunsten des fechtens vnd dy hat meist
lichehalb gantz vertik vnd gerecht
gehabt vnd gekunst nicht das her
is selber habe funden vnd irdocht als
vor is geschreben Sonder her hat man
che lant durchfaren vnd gesucht durch
selby rechtvertigen vnd warhaftige
kunst wille das her dy io irvare vnd
wissen wolde vnd dy selbe kunst ist
ernst gantz vnd rechtvertik vnd get
of das aller neheste vnd kortzste
slecht vnd gerade zu / recht zam eyn
vii eyne halbe adir stechen wolde vnd
das man ym deme eyne vadem adir
snure an seyme ort adir sneyde des swe
tes bunde vnd leytet adir zöge den
selben ort adir snide off ienes blössen

[13ᵛ] HIe hebt sich an meister lichtenawers kunst des fechtens mit deme swerte |czu fusse vnd czu rosse / |blos vnd yn harnüsche / |Vnd vor allen dingn vnd sachen / saltu merken vnd wissen / |das nür eyne kunst ist des swertes / |vnd dy mag vor manchen hvndert Jaren seyn fvnden vnd irdocht / |vnd dy ist eyn grunt vnd kern aller künsten des fechtens / |Vnd dy hat meister lichtnawer gancz vertik vnd gerecht gehabt vnd gekunst / |Nicht das her sy selber haben fvnden vnd irdocht / als vor ist geschreben / |Sonder / her hat manche lant / durchfaren vnd gesucht / durch der selben rechtvertigen vnd warhaftigen unst wille / |das her dy io irvaren vnd wissen wolde / |Vnd dy selbe kunst ist ernst gancz vnd rechtvertik / |Vnd get of das aller neheste vnd ~~kors~~ körtzste / slecht vnd gerade czu / |Recht zam wen eyner eynen hawen ader stechen welde / |vnd das man im denne eynen vadem ader snure an seynen ort ader sneyde des swertes bünde / |vnd leytet aber czöge |den selben ort ader sneide off ienes blössen /

Here begins Master Liechtenauer's art of fencing with the sword, on horse and on foot, armored and unarmored. First and foremost, you should notice and remember that there's only one art of the sword, and it was discovered and developed hundreds of years ago, and it is the foundation and core of all fighting arts.

Master Liechtenauer understood and practiced this art completely and correctly; he did not discover or invent it himself (as has been written previously),[22] but rather traveled through many lands and searched for the true and correct art for the sake of experiencing and knowing it.

For this art is serious, correct, and complete, and everything that proceeds from it goes toward whatever is nearest by the shortest way, simply and directly.

When you want to cut or thrust at someone, it should be as if you tied a thread or a cord to the point or edge of your sword and pulled or drew it toward his nearest exposure,

---

[22] Here the author seems to be referring to (and disagreeing with) an earlier writing about Liechtenauer which stated that he invented the art of fencing. There's no way to know what writing this is referring to, but the glosses of Sigmund Ainringck, Pseudo-Peter von Danzig, and Nicolaus all make this claim, and it is therefore likely to have come from the original ur-gloss of that tradition. If that is what the author is referring to, it is yet another sign that this gloss was written in the 15th century (and also evidence that the author had access to those teachings, even though he didn't incorporate them into his gloss).

because you should cut or thrust in the shortest and surest manner, in the most decisive way. This is all you should want to do, because proper fencing doesn't have broad or elaborate parries, nor the wide fencing around by which people procrastinate and delay.

You will still find many dancing masters[23] claiming that they believe that the art of the sword grows better and richer from day to day, and that they have conceived and created a new art. But I would like to see anyone who could invent and perform a legitimate strike or play that falls outside of Liechtenauer's art. All they do is jumble and confuse the plays and then give them new names (each according to his own ideas), and they devise wide parries and often want to do two or three strikes in place of a single one. They do this to be praised by the ignorant for the sheer liveliness of it, as they stand fiendishly and perform elaborate parries and wide fencing around, and, having no moderation in their fencing, they bring long and far-reaching strikes, slowly and clumsily,

[14ʳ] |den her hawen ader stechen selde / |noch dem aller nehesten · kortzsten · vnd endlichsten / als man das nür dar bregen mochte / |wen das selbe rechtvertige vechten / |wil nicht hobisch vnd weislich paryren haben / |vnd weit vmbefechten / mit deme sich lewte mochten lassen vnd vorzümen / |Als man noch manche leychmeistere vindet dy do sprechen / |das sy selber newe kunst vinden vnd irdenken |vnd meynen das sich dy kunst des fechtens von tage czu tage besser vnd mere / |Aber ich wölde gerne eynen sehn |der do / möchte nür eyn gefechte / ader eynen haw / irdenken vnd tuen / |der do nicht aus lichtnawers kunst gynge / |Nür das sy ofte eyn gefechte vorwandeln vnd vorkeren wöllen / mit deme / das sy im newe namen geben / itzlicher noch seyme hawpte / |Vnd das sy weit vmbefechten vnd paryrn irdenken / |vnd oft vör eynen haw / czwene ader dreye tuen / nür durch wolstehens wille / |do von sy von den unvorstendigen gelobt wollen werden / mit dem höbschen paryrn vnd weit vmbefechten / |als sy sich veyntlich stellen / vnd weite vnd lange hewe dar brengen / lanksam vnd trege / mit deme sy sich gar sere vorhawen

---

[23] *Leichmeister* is a pun that I can't capture in English: *leich* means a dance or other rhythmic movement, and *leiche* means corpse. *Leichmeister* seem to be masters who teach fencing that is more like dancing than fighting, and get their students killed if they ever have to fight a duel. "Masters of the deadly dance" might capture the double meaning, but it makes them sound awesome which is hardly the intent.

den hew hawe ader stechen solde / noch
bey aller nehesten / kortzteyn und endt-
lichsten / als man das nur dar brenge
mochte / wen das selbe recht vortige
vechten / wil nicht hobisch und wey-
lich paryre habn / und weit umefechte
mit deme sich lewte mochte lassen und
vorzihen / Als man noch manche fech-
meistere findet dy do sprechen / das sy
selber newe kunst finden und irdenke
und meyne das sich dy kunst des fech-
tens von tage tzu tage besser und
mere / Aber ich wölde gerne eynn sehn
der do mochte nur ey gefechte ader eyne
hawe irdenke und tue der do nicht aus
lichtnawes kunst gynge / Nur das sy ofte
eyn gefechte vorwandeln und vorkeren
wollen / mit deme das sy ny newe namē
gebn itzlicher noch syme häupte / und
das sy weit umefechten und paryrn ir-
denken und oft dör eyne hawe thun
ader dreye tun nur durch volstehens
wille do von sy von den unvorstendige
gelobt wolle werden / mit dem höbsche
paryrn und weit umefechte als sy sich
weyntlich strelln und weite und lange
hewe dar brengē langksam und tretze /
mit deme sy sich gar sere vorhawen

vnd zymme vnd sich auch do mete vaste
blos geby / wen sy kyne mosse yn ir fechte
nicht haben / vnd das gehort doch nicht
czu ernsten fechte / zonder czu schulvech-
ten durch schympe vnd gebraweschunge
wille mochte is wol etzwas gut seyn /
Aber czu ernst fechten wil vich slecht vnd
gar gerade dar gehen an alles lassen
vnd zumenuss / czan noch eyn zinne ader
czan itzlichs besunder gemessen vnd ge-
dregen were / wen sal eyner eyne slacz
ader stechen der do vor im stet / So hilft
in iw key slacz ader stich der sich vm ader
hinder sich ader neby sich noch keynerley
weit dechte ader vil helbe das m eyne
mochte ende / mit deme her sich zumet
vnd last / das her dy schantde vor lest
Sonder her mus iw slecht vnd glich czu
halbe czu mane czu top ader czu lebe
noch dem aller nehesten vnd sthursten
als her iw nur gehabyn mag vnd in reiste
strich vnd snelle vnd liber m eyne slacz
be m vierm ader seche mit deme her sich
mochte lassen vnd das iener leichte e-
queme deme her / wen der vorslacz eyn
gros vorteil ist / of deme vechten / als
In es als her noch kunst hore czu dem
texte do nenet lichtnaw ṇur funff
helbe mit andr stocke dy do nutze sey
czu erstem rechten vnd leret dy noch

[14ʳ] vnd zeümen / |vnd sich auch do mite vaste blos geben / |wen sy keyne mosse yn irem fechten nicht haben / |vnd das gehört doch nicht czu ernstem fechten / |zonder czu schulvechten durch vbunge vnd gebrawchunge wille mochte is wol eczwas gut seyn / |Aber ernste vechten wil risch slecht vnd gar gerade dar gehen / |an alles lassen vnd zümenüss / |zam noch eyner snuren / ader zam itzlichs besunder gemessen vnd gewegen were / |wen sal eyner eynen slaen ader stechen / |der do vor im stet / |zo hilft in io keyn slag ader stich / ~~vor sich vn ader~~ hindersich / ader neben sich / noch keynerley weitvechten / |ader vil hewe / das mit eyme möchte enden / mit deme her sich zümet vnd last / das her dy schantcze vorsleft / |Sonder her mus io / slecht vnd gleich czu hawen / czum manne / czu kop / ader czu leibe / noch dem aller nehesten / vnd schiresten als her in nür gehaben mag vnd irreichen / ~v~/risch vnd snelle |vnd liber mit eyme slage wen mit viern ader sechen mit deme her sich möchte lassen / |vnd das iener leichte e queme denne her / |wen der vorslag / eyn gros vorteil ist / of deme vechten / |als du es als hernoch wirst horen yn dem texte / |Do nennet lichtnawer / nür fümff hewe / mit andern stöcken / |dy do nütcze seyn czu erstem vechten / |vnd leret dy noch

and severely delay and overextend and expose themselves. This doesn't belong to earnest fencing, but only to play in the fencing schools for exercise and entertainment.

Earnest fencing goes swiftly and precisely, without hesitation or delay, as if measured and balanced by a cord (or something similar). When you cut or thrust at the man who stands in front of you, then clearly no strike backwards or to the side can help you, nor any wide fencing with multiple strikes (nor any other way that you procrastinate and delay, and miss the chance to end it with him).

On the contrary, you must strike straight and directly toward him (toward his head or body, whatever is nearest and surest), so that you can reach and take him swiftly and rapidly. Furthermore, one strike is better than delivering four or six, delaying and waiting too long so your opponent wins the Leading Strike faster than you (because this strike is a great advantage in fencing).

It's written further on in the text how Liechtenauer only lists five strikes, along with other plays which are sufficient for earnest fencing, and he teaches how to perform them according to the true art, straight and direct, as closely and as certainly as possible. Moreover, he leaves aside all the new inventions and confusing work of the dancing masters, which don't come from this art.

Now notice and remember that you can't speak or write about fencing and explain it as simply and clearly as it can be shown and taught by hand. Therefore, you should consider and debate matters in your mind—and practice them even more in play—so that you understand them in earnest fencing. Practice is better than artfulness, because practice could be sufficient without artfulness, but artfulness is never sufficient without practice.

Also know that the sword is like a set of scales, so that if the blade is large and heavy, the pommel must also be heavy (just as with scales). Therefore, to use your sword certainly and securely, grip it with both hands between the guard and the pommel, because you hold the sword with much more certainty like this than when you grip it with one hand on the pommel. You also strike much harder and more strongly, because the pommel overthrows itself and swings itself in harmony with the strike, and the strike then arrives much harder

[15ʳ] rechter kunst slecht vnd gerade dar brengen noch dem aller nehesten uvnd schiresten / |als ᵐᵃᵍ is nür dar komen / |Vnd lest alles trummel werk / vnd new fvnden hewe vnderwegen / von den leichmeistere / |Dy doch gruntlich aus syner kunst dar komen /

¶| |Auch merke das / vnd wisse das man nicht gar eygentlich vnd bedewtlich von dem fechten mag sagen vnd schreiben ader auslegen / |als man is wol mag / is wol mag czeigen vnd weisen mit der hant / |Dorvmbe tu of dyne synnen vnd betrachte is deste bas / |Vnd ube dich dorynne deste mer yn schimpfe / |zo gedenk-estu ir deste bas in ernste / |wen ubunge ist besser wenne kunst / |denne übunge tag w tawg wol ane kunst |aber kunst tawg nicht wol ane übunge /

¶| |Auch wisse das eyn guter fechter sal vör allen sachen syn swert gewisse vnd sicher füren vnd fassen / mit beiden henden / czwischen gehilcze vnd lae klos / |wen alzo helt her das swert vil sicher / |den das hers bey dem klosse vasset mit eyner hant / |vnd slet auch vil harter vnd sürer / alzo / |wen der klos öberwirft sich vnd swenkt sich noch dem slage das der slag vil harter / dar kumpt / |den das her das swert mit dem klosse vasset / |wen alzo / czöge her den slag / mit dem klosse weder / |das her nicht zo voelkömlich vnd zo stark möchte dar komen / |Wen das swert

rechter kunst slecht vnd gerade dar breg~
noch dem aller nehiste vnd schireste als
is nur dar kome vnd lest alles wunnel
werk vnd vmbfunde hebe vnderwege do
den vechtmeistere wy doch gewtlich aus
yrer kunst dar kome

Auch merke das vnd wisse das man nicht
gar eygentlich vnd bedewtlich von dem
vechten mag sage vnd schreyben ader aus
lege als ma is wol mach is wol mag
zeige vnd weysen mit der hant Dorvm
tu of dyne synen vnd betrachte is deste
bas vnd ube dich dorynne deste mer yn
schimpfe zo gedenkestu i~ deste bas in
erste wen vbunge ist besser wenne kunst
denne vbunge mag wol an kust
aber kust tawg nicht wol ane vbunge

Auch wisse das eyn gutter fechter sal vor
allen sachen syn swert gewisse vnd sicher
finen vnd fassen mit beyden henden czwische
gehilcze vnd dem kloz wen also helt her das
swert vil sicher den das her bey dem klosse
vasset mit eyn hant vnd slet auch dis
harter vnd sirer also wen der kloz ober
wirft sich vnd swenkt sich noch de slage
das der slag vil harter dar kupt den das
her das swert mit dem klosse vasset wen
also zoge her den slag m~ dem klosse we
der das her nicht zo volkomlich vnd zo
stark mochte dar kome wen das swert

ist recht gancz eyn worge / den ist ey seft
nies vnd swer / so muß der stos auch
dennoch swer syn / recht gancz noch eyn
worgen /

Auch wisse wen eyn mit eyme sicht / so
sal her aber schrete wol ewar nemē / vnd
sicher in den sley wen her recht gancz of
hymer worte stette sal / hinder sich / oder
vor sich zu trete / noch deme als sich es
gepürt / gefüge vnd gelinklich / ist och
vnd snelle / vnd gar in gute mute vnd
guter gewissen / aber dornoch sal deyn
rechte dar gehen vnd ay alle vorchte /
als wa das hinoch wirt hore /

Auch saltu mosse haben zu deyne gefechte
dennoch als sichs gepürt / vnd salt nicht
zu weit schreite / das du dich deste bas
eyns andirs schretes irholen magest / hinder
dich / ader vor dich ezu tue / noch deme als
sich worde gepürt / vnd das / Auch ge=
schicht sich oft geuene korcze schrete
vor eyne lange / vnd oft gepurt sich
das eyn ey lekcsteszey mus tue / mit
korcze schrete / vnd oft das eyn eyne
sprūcke schiet ader spirit mus tue //

Vnd was eyn redluches wil triby zn
schimpfe / oder zu ernste das sal her
eyme vor den ogen / frēmd vnd vor=
worey machen / das ē nicht merke
was deser key im meynt ezutriben

[15ᵛ] ist recht zam eyn woge / |den ist eyn swert gros vnd swer / |zo mus der klos auch dornoch swer syn / recht zam noch eyner wogen

¶| |Auch wisse wen eyner mit eyme ficht / |zo sol her syner schrete wol war nemen / vnd sicher |in den seyn / wen her recht zam of eyner wogen stehen sal · hindersich · ader vorsich · czu treten / noch deme als sichs gepürt / gefüge vnd gerinklich / risch vnd snelle / |vnd gar mit gutem mute / vnd guter gewissen ader vornunft / sal deyn fechten dar gehen / |vnd an alle vorchte / als man das hernoch wirt hören /

¶| |Auch saltu mosse haben yn deyme gefechte dornoch als sichs gepürt / vnd salt nicht czu weit schreiten / das du dich deste bas eynes- / andern schretes irholen magest / hinderdich / ader vordich czu tuen / noch deme als sich wörde gepuren / ~~vnd das~~ / |Auch gepüren sich oft czwene korcze schrete vor eynem langen / |vnd oft gepürt sich das eyner eyn lewftcheyn mus tuen / mit korczen schreten / |vnd oft das eyner eynen guten schret ader sprunk mus tuen /

¶| |Vnd was eyner redlichs wil treiben czu schimpfe / ader czu ernste / |das sal her eyme vor den ogen / fremde vnd vorworren machen / |das iener nicht merkt was deser keyn im meynt czutreiben /

than when you grip the sword by the pommel (which restrains the pommel so that the strike can't come strongly or correctly).

Furthermore, when you fence with someone, take full heed of your steps and be certain in them, just as if you were standing on a set of scales, moving backward or forward as necessary, firmly and skillfully, swiftly and readily.

Your fencing should proceed with good spirit and good mind or reason, and without fear (as is written later).

You should also have moderation in your plays and not step too far, so that you can better recover from one step to the next (backward or forward, however they go). Also, two short steps are often faster than one long one, so you will need to do a little run with short steps as often as you will a big step or a leap.

Whatever you want to perform cleverly, in earnest or in play, should be hidden from the eyes of your opponent so that he doesn't know what you intend to do to him.

As soon as you approach the point where you believe you could very well reach and take him, step and strike toward him brazenly, and then drive swiftly toward his head or body. You must always win the Leading Strike, whether it lands or misses, and thus allow him to come to nothing (as is written better further on in the general teaching).

Moreover, it's better to target the upper exposures rather than the lower, and then boldly and swiftly drive in over his hilt with cuts or thrusts, since you can reach him much better and more certainly over his hilt than under it. You're also much surer in all your fencing like this, for an upper hit is much better than a lower one. Though if it happens that the lower exposures are nearer (as it often does), then you should target them.

Always go to your right side with your plays, because in all matters of fencing and wrestling, you can better take your opponent in this way than directly from the front. Whoever knows this piece and brings it well is not a bad fencer.

[16ʳ] |Vnd als^bald wenn her denne czu im kumpt |vnd dy moße also czu im hat |das in dünkt her welle in nu wol haben vnd irreichen / |zo sal her kunlich czu im hurten vnd varen / snelle vnd risch / czu koppe ader czu leibe / |her treffe ader vele / |vnd sal io den vorslag gewynnen / vnd ienen mit nichte lassen czu(n?) dingen komen / |als du bas hernoch wirst hören yn der gemeynen lere etc

¶| |Auch sal eyner allemal liber den öbern blößen remen / denne den vndern / |vnde eyme ober deme gehilcze yn varen / mit hewen ader mit stichen / künlich vnd risch / |wenn eyner irreicht eynen vil bas / vnd / verrer öber dem gehilcze · den dorvnder / |vnd eyner ist auch alzo vil sicher |alles fechtens / |vnd der obern rure eyne / ist vil besser denne der vndern eyne / |Is wer denne / |das is alzo queme das eyner neher hette czu der vndern das her der remen müste / |als das ofte kumpt

¶| |Auch wisse / das eyner sal io eyme of dy rechte seiten komen / yn seyme gefechte / |wen her eyme do yn allen sachen / des fechtens ader ringens / bas |gehaben mag / denne gleich vorne czu / |vnd wer dis stöcke wol weis / vnd wol dar brengt / |der ist ist nicht eyn bözer fechter /

bald

Vnd als we her deme czu ny kupt
vnd dy mosse also czu ny hat Das in
dunkt her welle in mit wol haben
vnd irreichen / so sal her kulich czu
in hurte vnd vare / snelle vnd risch /
yn koppe ader czu leibe / her treffe
ader vele / vnd sal in dey vorslege ge=
wynnen / vnd iene nit mochte lassen czu
dinge kome / als du das hinoch wurst
hören yn der gemeyne lere etc
Auch sal eyn allemal leber dey obn
blößen reme / deme dey vndn / sunde
eyne ober deme gehilcze yn vare / mit
helbe ader mit stoße / kunlich vnd
risch / wer eyn irreicht eyne vil bas vnd
dey ei ober dem gehilcze / dey dr vnder /
vnd eyn ist auch also vil sicher alles
fechtens vnd d'obn mme eyne ist
vil besser deme der vndn eyne / so we
deme / das is also queme / das eyner
neher hette czu der vnden das her
der renne muste / als das ofte kupt
Auch wisse / das eyner sal in eyme of dy
rechte seiten komm yn seyme gefechte wen
her eyme do yn allen sachen des fechtens
ader ringens / bas gehaben mag / deme gleich
kome etc vnd wer dis stocke wol weis vnd
wol dar bruget / der ist nicht ey böser fechter

Auch wisse, wen eyn ernstlich vil fechter
her hat, das hy eyn durstik storke dor wol-
her wil, das do gancz vnd gerecht sey
vnd neme yn das ernstlich vnd stete yn
seyne syn vnd gemute, wen her of eyne
wil vechten, zam her solde sprechn: das
meyne ich yo zutreiben, vnd das sal vnd
mus vorgank habñ in der hölfe gotes,
zo mag is ym nu nicht velen, Her tut
das her sal, wen her kulich dar gehit
vñ rauschit in seyn vorslahñ, als mit
der gehilch ofte wirt schein.

[16ʳ] ¶ |Auch wisse / wen eyn*er* ernstlich wil fechten / der vasse im eyn vertik stöcke vör / wels her wil / das do gancz vnd gerecht sey / |vnd neme im das ernstlich vnd stete in seyne*n* syn vnd gemüte / |wen her of eyne*n* wil / |Recht zam her sölde spreche*n* · das meyne ich io czutreibe*n* / |vnd das sal vnd mus vorgank habe*n* m*i*t der hölfe gotes |zo mag is im m*i*t nichte velen / her tut was her sal / |wen her ku*n*lich dar hort vnd rawscht / m*i*t dem vorslage / |als ma*n* das hernach oft wirt horen /[24]

Remember that if you're required to fight earnestly, you should contemplate a thoroughly-practiced play beforehand (whichever you want, if it's complete and correct), and internalize it seriously and hold it in your mind with good spirit. Then perform whatever you chose upon your opponent with pure intent (just as if you were to say, "This I truly intend to do well"), and it should and must go forward with the aid of God, so it will fail you in nothing. Thus you do righteously by charging and stepping in to strike the Leading Strike (as it's written many times further on).

---

[24] Under the text is a stamp reading »Germanisches Nationalmuseum«.

Oh, all fighting requires	[17ʳ]²⁵ CZu allem fechten ·
The help of the God of Righteousness,	gehört dy hölfe gotes von rechte /
A straight and healthy body,	|Gera der leip vnd gesvnder /
And a complete and well-made sword.	eyn gancz vertik swert pesundem /
Before, After, Strong, Weak;	|Vor · noch · swach sterke /
'Within', remember that word;	yndes · das wort mete czu merken /
Cuts, thrusts, slices, pressing,	|Hewe stiche snete drücken /
Guards, covers, pushing, feeling, pulling back,	leger schütczen stöße fülen czücken /
Winding and hanging,	|Winden vnd hengen /
Moving in and out, leaping, grabbing, wrestling,	rücken striche spröngen greiffen rangen /
Speed and audacity,	|Rischeit vnd kunheit /
Prudence, cunning and ingenuity,	vorsichtikeit list vnd klugheit /
Moderation, stealth,	|Masse vörborgenheit /
Reason, deliberation, readiness,	vernunft vorbetrachtunge fetikeit /
Exercise and good spirit,	|Vbunge vnd guter mut /
Motion, dexterity, good steps.	motus gelenkheit schrete gut /
In these several verses	|In den seben versen da /
Are fundamentals, principles	sint dir fundament principia /
And concerns,	|Vnd pertinencia /
And the entire matter	benumet vnd dy gancze materia /
Of all the art of fencing is labelled for you.	|Aller kunst des fechten /
You should consider this correctly,	das saltu betrachten rechte /
As you will also actually,	|Als du auch eigentlich /
And in particular hereafter,	hernocher vnd sönderlich /
Hear or read it,	|wirst horen ader lesen /
In an exact and precise manner.	itzlichs noch seynem wezen /
Fencer, understand this,	|Fechter des nym war /
So will be revealed to you the complete art	zo wirt dir ~~bekunst~~ bekant dy kunst gar /
Of the whole sword,	|Of dem ganczen swerte /
And many good and lively attacks.	vnd manch gut weidelich geverte /

---

²⁵ This folio marks the beginning of the second quire. It's made of parchment and is a remnant of the cover that the quire had before being bound into the manuscript. Since they're written on the cover, and no other quire had its cover written on, it's possible that the poem and the subsequent paragraph on continual motion were added after the rest of the text was written.

Zu allem fechten gehort dy
hulfe gotes von rechte / Gerade
der leip vnd gesunder / eyn gancz
vertik swert pesunder / Vor noch swach
sterke / Indes / das wort mete zu merke /
Hewe stiche snete drucke / leger schucze
stosse fulen zucken / Winden vnd hege
bucken / strecke spronge greiffen ranger /
Risschen vnd kunheit vorsichtikeit list
vnd klugheit / masse vorborgenheit /
bouemvnft vorbetrachtunge / getickeit /
vbunge / gut mut vnd guter sitt /
mossig gelenkheit schrete gut / In
dy sebey versey da / syn dy funda-
ment puncipia / Vnd pnnipia / der ein
met vnd dy gancze materia / Aller
kunst des fechten / das saltu betrach-
ten rechte / Als du auch eigentlich /
hernocher vnd sunderlich / Wirst horen
ader lesen / iclichs noch seynem wesen /
fechter der nun wol die
kunst bekant dy kunst gar / Of den
gancze swerte / vnd nuclich gut wir-
delich gebrute /

Motus das worte schone ist des fe‑
chtens eyn hort vnd krone Der gan‑
cze matz des fechtens mit aller pa‑
rneria Vnd der artikely gar des fun‑
damentes dy hait acht name sint ge‑
nant Vnd werden dir hernach baß
bekant Wen eyn man ficht So
sey her mit dem wol bericht Vnd
sey stetz in motu vnd nicht beyer wer‑
hen im Ay hebt en fechter So treib
her mit rechte Vmer in vnd endlich
eyns noch dem andir künlich In
eyme Iaweste pere an vnderlos
jmediate das iener nicht kome zu
slage Des nympt deser sine Vnd
heuer schaden wey her nicht duege
slage Von desim kome matz mit
muet Deser noch dem in vnd noch
de leren dy itzunt ist geschrieben
So sag ich vorwar sich schuczt iener
nicht auß vor haut vornome zu
slage matz her mit nichte komen
Hie merke das fiequed motus beslewst
in sy begynung mittel vnd ende alles
fechtens noch deser kunst vnd lere
also das erü in evme Iaweste an he‑
bunge mittel vnd endunge an ende‑
los vnd an hinder mos sunde seyde‑
uechter e volbrenge Vnd iene mit
nichte lasse czu slage kome Wen of
das get dy czwey worter vor noch
das ist vorslag vnd nochslagt Inde‑
... vnd hö affi Om vg iliqui pri act me...

[17ᵛ] MOtus · das worte schone /
ist des fechtens eyn hort vnd krone /
|der gancze materiaz /
des fechtens / mit aller pertinencia /
|Vnd der artikeln gar /
des fundamentes / dy var /
|Mit namen sint genant /
vnd werden dir hernoch bas bekant /
|Wy denne eyner nur ficht /
zo sey her mit den wol bericht /
|Vnd sey stetz in motu /
vnd nicht veyer wen her nu /
|An hebt czu fechten /
zo treibe her mit rechte /
|Vmmer in vnd endlich
eyns noch dem andern künlich /
|In eyme rawsche stete /
an vnderlos imediate /
|Das iener nicht kome /
czu slage des nympt deser fromen /
|Vnd iener schaden /
|wen her nicht ungeslagen /
|Von desem komen mag /
tut nur deser noch dem rat /
|Vnd noch der leren /
dy itczunt ist geschreben /
|So sag ich vorwar /
sich schützt iener nicht ane var /
|Hastu vornomen /
czu slage mag her mit nichte komen /

¶| |Hie merke · das · frequens motus · beslewst in im /
begymüs / mittel · vnd ende / alles fechtens / noch deser kunst vnd lere / |alzo das eyner yn eyme rawsche /
anhebunge / mittel / vnde endunge / an vnderlos vnd
an hindernis synes wedervechters volbrenge / vnd ienen mit nichte lasse czu slage komen / |wenn of das
gent dy czwey wörter · |vor · |noch · das ist / vorslag
vnd nochslag / immediate & / in vna hora / quasi vnum
post reliquum sine aliquo medio /

'Motion', that beautiful word,
Is the heart of fencing, and the crown.
The whole matter
Of fencing, with all
The concerns and articles
Of the foundation, which
Are called by their names,
Will be revealed to you hereafter.
When you fight,
Be well familiar with them,
And stay in motion
And not at rest,
So that when fighting starts,
You do it correctly,
Continuously and decisively,
One after another, boldly,
In a continuous advance,
Immediately and with no pause,
So that your opponent cannot come
To blows. This way, you will profit
And the other will be harmed.
Because he can't escape
Without being beaten,
As long as you fence according to this advice
And according to the lesson,
Which is written in this way:
I say to you honestly,
No man covers himself without danger.
If you have understood this,
He cannot come to blows.[26]

Here remember that *continual motion* is the beginning, the middle, and the end of all fencing according to this art and teaching, so that you strike the beginning, the middle, and the end in a single advance, and bring it well without the hindrance of your adversary and without allowing him to come to blows. This is based on the two words 'Before' and 'After' (that is, the Leading Strike and the Following Strike); *directly, in a single moment, one after another with nothing in between.*

---

[26] This quatrain is taken from the Recital, verses 40-41 and 100-101.

This is the general preface of the unarmored fencing on foot. Remember it well.

1	Young knight learn onward, For god have love, and ladies, honor,
2	Till your honor is earned, Practice chivalry, and learn,
3	Let the art grace you wholly, And in war bring you glory.
4	Wrestle well, grappler; Lance, spear, sword, and dagger,
5	Wield them, be brazen, In others' hands raze them.
6	Cut in and close fast, Advance to meet, or let it past.
7	Earn the envy of the wise, Win boundless praise before your eyes.
8	Therefore here behold the way, Every art is measured, weighed.
i	And whatever you wish to do, Shall stay in the realm of good reason.
ii	In earnest or in play, Have a joyous spirit, but in moderation
iii	So that you may pay attention And perform with a good spirit
iv	Whatever you shall do And whip up against him.
v	Because a good spirit with force Makes your resistance dauntless.
vi	Thereafter, conduct yourself so that You give no advantage with anything.
vii	Avoid imprudence. Don't engage four or six
viii	With your overconfidence. Be modest, that is good for you.
ix	It's a bold man Who dares to confront his equal,
x	But it's not shameful To flee from four or six at hand.

[18ʳ] Das ist eyne gemeyne vorrede / des blozfechtens czu fuße / Das merke wol

1	JVng |Ritter lere · got lip haben / frawen io ere /
2	|So wechst dein ere · Übe ritterschaft · vnd lere /
3	|Kunst · dy dich czyret · vnd in krigen sere hofiret /
4	|Ringens gut fesser · glefney sper swert vnde messer /
5	|Menlich bederben · vnde in andern henden vorterben /
6	|Haw dreyn vnd hort dar · rawsche hin trif ader la varn /
7	|Das in dy weisen · hassen dy man siet preisen /
8	|Dor auf dich zoße · alle ding haben ~~limpf~~ ˡᵉⁿᵍᵉ vnde moße /
i	|Vnd was du ~~trei~~ wilt treiben · by guter vornunft saltu bleiben /
ii	|Czu ernst ader czu schimpf · habe frölichen mut / mit limpf /
iii	|So magstu achten · vnd mit gutem mute betrachten /
iv	|Was du salt füren · vnd keyn im dich rüren /
v	|Wen guter mut mit kraft · macht eyns wedersache czagehaft /
vi	|Dornoch dich richte · gib keynem forteil mit ichte /
vii	|Tumkunheit meide · vier ader sechs nicht vortreibe /
viii	|Mit deynem öbermut / bis sitik das ist dir gut /
ix	|Der ist eyn küner man · der synen gleichen tar bestan /
x	|Is ist nicht schande · vier ader sechze flien von hande / ~~w…nicht…ffen…gt y…daz ist myn rat /~~

Das ist eyne gemeyne vor rede des
blozfechtens zu fusse das merke wol

Iung Ritter lere / got lip haben fraw(en)
io ere / So wechst dein ere / Übe ritter-
schaft · vnd lere / kunst · dy dich zyret
vnd in krigen sere hofiret / Ringes
gut fesser · glefney sper swert vnde
messer / menlich bederben · vnd in andir
henden vorterben / halb dreyn vnd hort
dar / wastu huj trif oder la varn /
Das in dy weisen hassen dy man siet
preisen / dor auf dich zosse · alle ding
haben lenge vnd mosse / vnd was du wilt
treiben / by guter vornuft saltu bley-
ben / zu ernst ader zu schimpf habe
frölichen mut mit limpf / So magstu ach-
ten vnd mit guten mute betrachten / was
du salt füren · vnd keyn im dich rüren /
wen guter mut mit kinst macht eyns
weders sache hazehaft / doch noch dich roter(?)
gib keynem foríeil mit ichte / flinkheit
meide / bier ader pochs nicht vortreibe mit
deynem obermut · bis sitik · das ist dir gut
Der ist eyn kuner man · der synen gleichen
tar bestan / Es ist nicht schande vier oder
sechze flien von hande /

Hab nicht an eyle / zonder stets der bloße ñ

Das ist eyne gemeyne lere des swertes

Wiltu kunst schawen · sich link gen und
recht mete halten · Vnd link mit rechten
ten · is das du stark gerest fechten · wer
noch get helvch · Der dar sich kunst flie
ne freken · Hab in was du wilt · keyn
wertsler kawm an dich schild · czu kop
czu leibe · dy seken do nicht vormeide · a
gantzem leibe · ficht was du stark gerest
treiben · hoer was do slecht ist · ficht nicht
oben link zo du recht pist · vnd ab du
link pist · ym rechten · zere hinkest · auch
do suchst · ich liber von oben nidersichten nide
Vor noch dy zwey dink · syn allen kunsten
eyn orsprink · swach vnde sterke · Indes
das wort mete merke · So machstu lere
mit anders kunst vnd erbeit dich weren
Irschrikstu gerne · key fechte nymer lere
Kunheit vnd rischeit · Vorsichtikeit list vñ
klugheit · wil fechten haben · vnd frolich
gemute tragen · **Glosa qualis huius lec**
Von allererst merke vnd wisse · das der ort
des swertes ist das zentru· vnd das mitte
vnd der kern des swertes · aus deme alle ge
fechte gen · vnd wederyn in komen · So sint
dy hengen vnd dy winden syt dy anfenge
vnd dy eynlewfe des zentru· vnd des ker

Dorumb is vorgesicht moste besorbetrachtinge habe she

[18ᵛ] Das ist eyne gemeyne lere des swertes

9. WIltu kunst schawen ·
sich link gen vnd recht mete hawen /
10. |Vnd link mit rechten ·
is das du stark gerest fechten /
11. |Wer noch get hewen ·
der darf sich kunst kleyne frewen /
12. |haw nu was du wilt ·
keyn wechsler kawm an dich schild /
xi. † {|Haw nicht czum swerte
zonder / stets der bloße warte /}
13. |Czu koppe czu leibe ·
dy czecken do nicht vormeide /
14. |Mit ganczem leibe ·
ficht was du stark gerest treiben /
15. |Höer was do slecht ist ·
ficht nicht oben link zo du recht pist /
16. |Vnd ob du link pist ·
ym rechten ᵃᵘᶜʰ sere hinkest /
xii. |So vicht io liber ·
von oben ~~recht~~ ˡⁱⁿᵏischen nider /
17. ¶ |Vor · |noch · dy czwey dink ·
syn allen kunsten eyn orsprink /
18. |Swach · vnde · |sterke ·
|Indes · das wort mete merke /
19. |So machstu leren ·
mit / ~~vnd erb~~ / kunst vnd erbeit dich weren /
20. |Irschrikstu gerne ·
keyn fechten nymmer lerne /
xiii. |Kunheit vnd rischeit ·
vorsichtikeit list vnd klugheit /
xiv. †† {|Vornunft verborgenheit /
moße ~~bevor~~betrachtunge / ~~hobsheit~~ / ᶠᵉᵗⁱᵏᵉⁱᵗ /}
xv. |Wil fechten haben ·
vnd frölichs gemüte tragen

¶ Glosa generalis huius sequitur /

¶| |Von allerersten merke vnd wisse / das der ort des swertes · ist das czentrum ~~vnd~~ das mittel vnd der kern · des swertes · |aus deme alle gefechte gen / vnd weder / yn in komen · |So sint dy hengen / vnd dy winden / synt dy anhenge vnd dy vmlewfe des czentrums vnd des kerns

This is the general teaching of the sword.

9. To have the art within your sight,
Set left forth and cut with right,
10. You will find that left with right
Is the strongest way for you to fight.
11. He who waits for cuts and follows,
In this art finds naught but sorrow.
12. A nearing cut is good to do,
Your shield to stop him changing through.
xi. † {Do not cut toward his sword,
But rather seek out his exposures.}
13. Toward the body and the head,
And the flesh-wounds do not forget.
14. With your whole body shall you fight,
For that is how you fence with might.
15. Another rule you should not slight:
Fence not from left when you are right.
16. If with your left is how you fight,
You'll fence much weaker from the right.
xii. So always prefer to fence
Downward from the left side.
17. Before and After, these two things,
Which are to all arts a wellspring.
18. Likewise there is Weak and Strong,
And the word 'Within', remember hereon.
19. You can learn, then,
With skill, to work and defend.
20. If you easily take fright,
You shouldn't ever learn to fight.
xiii. Audacity and speed,
prudence, cunning and ingenuity,
xiv. †† {Reason, stealth,
moderation, deliberation, readiness;}
xv. Fencing must have all of this
and carry a joyous spirit.

A general gloss follows here.

First and foremost, notice and remember that the point of the sword is the center, the middle, and the core, which all fencing goes out from and comes back to. The hangers and the winds, which a lot of good fencing plays originate from, are the attaching and the revolving of the center and the core.

They were conceived and created so that if you cut or thrust exactly to the point, though you don't hit immediately, you might still hit your opponent with these plays: with cutting, thrusting, and slicing, and with stepping in and out, stepping around, and leaping.

If you mislay or overextend the point of your sword when shooting or lunging, you can recover and realign it by winding and stepping out, and thus come back to the reliable plays and rules of fencing, from which you can cut, thrust, or slice again. For all cutting, thrusting, and slicing can come from the plays and rules of the art of the sword, according to Liechtenauer's art.

(It's written further on how one play or rule results from another, and how to make one play out of another, so that as one of your strikes is defended, the next advances and succeeds.)

Moreover, notice and remember that no part of the sword was conceived or created without reason, so you should apply the point, both edges, the hilt and pommel, and everything which is on the sword, according to

[19ʳ] aus den auch / gar vil guter stöcke des fechtens komen / |vnd sint dorvm fvnden vnd irdocht / das eyn fechter / der da gleich czum orte czu hewt ader sticht / nicht wol allemal treffen mak / das der mit den selben stöcken / hawende stechende ader sneydende / mit abe / vnd czutreten / vnd mit vm*be*schreiten ader springen eynen treffen mag / |vnd ab eyner syn ort des swertes / mit schißen ader mit voltreten / vorlewst ader vorlengt / |zo mag her in mit wi*n*den ader abetreten / weder / ~~irlengen vnd~~ / ynbringen vnd körczen / alzo das her weder yn gewisse stöcke vnd gesetze kü*m*pt des fechtens / aus den her hewe stiche ader snete brengen mag / |wen noch lychtnaw*er*s ku*n*st / zo komen aus allen gefechte*n* vnd gesetze ~~des f~~ der kunst des swertes / hewe stiche vnd snete / |als ma*n* wirt hernoch hören / |wy eyn stöcke vnd gesetze aus dem and*er*m ku*m*pt / vnd wy sich eyns aus d*em* andern macht / ab eyns wirt geweret / das daz ander treffe vnd vorgank habe

¶| |Czu dem and*er*m mal merke vnd wisse / daz keyn dink an dem sw*er*te / vm*be* züst fu*n*den vnd irdocht ist / |zvnder eyn fechter / den ort / beide sneiden · gehilcze · klos / vnd als das am swerte ist / nütczen sal / noch dem

aus den auch gar vil guter stöcke des
fechtens komen / vnd sint dorchÿ funden
vnd iodoch / das eyn fechter / der da gleich
gutis orts hin helwt adir sticht nicht wol
alle mal treffen mak / das der mit den
selben stöcken / halwende stechende ader such
ende / mit abe vnd hutreten vnd mit vm=
schreiten ader springen eynen treffen
mag / vnd ab ener yn ort des swertes
mit stichen ader mit bolwerten vorlegt
ader vorlengt / so mag her in mit winden
ader abetreten / wedir inlenken vnd yn
hi eutzen vnd körzen / also das her weder
yn gewisse stöcke vnd gesetze kunst des
fechtens aus deñ her helwe sticke ader
suche brengen mag / den noch lyrstitualus
kunst / so komen aus allen gefechte vnd
gesetze des der kunst des swertes helwe
sticke vnd suche / als man wirt her nach
hören / wy eyn stöcke vnd gesetze aus
dem andir kunpt vnd wy sich eyns aus
dem andirn macht / ab eyns wirt geletzet
das das ander treffe vnd vorgank habe
In den auch mal merke vnd wisse das
keyn dink an dem swerte ane zust finden
vnd iodoch ist / zu wedir eyn fechter der
gut beide sneiden gehilge kloß vnd als
das am swerte ist / nutzen sal / noch dem

als itzleichs yn sunderleichs gesetze hat
yn der kunst des fechtens noch dem als dy
vbunge hat vnd findert als du itzliches
besunder hernoch wirst sehen vnd horen

¶ Auch merke vnd wisse mit deme als her spri-
chet yn der kunst schalbe rech meynt her das eyn
kunstlicher fechter der sal den linken fuß vor
setzen vnd vo der rechte seite mete halven
sleichs zu mane mit der selve helven zo lang
bis das her siet wo her iene wol gehaben
mag vnd wol dirreichen mit eime schritte

¶ Vnd meynt he eyn stark wil fechte zo sal her
vo der linke seiten of rechte mit gantze leibe
vnd mit gantzer kraft zu koppe vnd zu leibe
wo her im treffen mag vnd immer zu key-
nerseite zunder her sal tuen zam iener key-
nen fust habe aber zam her nicht sehe vnd sal
keyne herte oder indes nicht vormeiden zon-
der durmer in erbeit vnd in berurnisse sey
das iener nicht zu slage mag komen

¶ Auch meynt her das eyner den helve nicht
gleich sal noch gehen vnd treten zonder
etwas besentes vnd kümmes vmb das he
iene an dy seite kome do her in las mit
allerleye gehaben mag denne vorne zu wat
denne her mir of ienen heuet oder sticht
das mag in iener mit keynerleye durch
wechsel oder andir gefechten gut wol weren
oder abeleiten nur das dy helve oder stiche
gleich zu mane zu gehe bey der blosse zu
koppe ader zu leibe mit eime schritte vnd treten

[19ᵛ] als itzlieichs syn sönderleichs gesetze hat yn der kunst des fechtens / noch dem als dy Übunge hat vnd findert / als du itzlichs besvnder hernoch wirst sehen vnd hören /

¶ |Auch merke vnd wisse / mit deme als her spricht wiltu kunst schawen |etc / meynt her / das eyn kunstlicher fechter / der sal den linken fuz vorsetzen / vnd von der rechten seiten mete hawen / gleich czum manne / mit drewe hewen / |zo lang / bis das her siet wo her ienen wol gehaben mag / vnd wol dirreichen mit seinen schreten / Vnd meynt / wen eyner stark wil fechten zo sal her von der linken seiten of fechten / mit ganczem leibe vnd mit ganczer kraft / czu köppe vnd czu leibe wo her nur treffen mag / |vnd nummer czu keyn swerte / |zvnder her sal tuen / zam iener keyn swert habe / |aber zam hers nicht sehe / |vnd sal keyne czecken ader ruren nicht vormeiden / zonder vmmermer in erbeit vnd in berürunge seyn das iener nicht czu slage mag komen

¶ ¶ |Auch meynt her das / eyner den hewen nicht gleich sal noch gehen vnd treten · zonder etwas beseites / vnd krumbes vmbe / das her ieme an dy seite kome / do her in bas / mit allerleye gehaben mag / denne vorne czu / was ´her ´denne²⁷ nür of ienen hewt ader sticht das mag im iener mit keynerleye durchwechsel ader andern gefechten / ~~gel~~ / wol weren ader abeleiten / nür das dy hewe ader stiche gleich czum manne czu gehen keyn den blößen / czu koppe ader czu leibe / mit vmbeschriten / vnd treten /

the specific role of each one in the art of fencing, and according to how you discover and embody the practice (as we will read in a more detailed manner hereafter).

Also notice and remember that when Liechtenauer says, "If you wish to see art", etc.,[28] he means to advance your left foot, and with that, cut from your right side with threatening strikes (straight toward the man), just as soon as you see where you can take him, and would certainly reach him by stepping.

He also means that when you want to fence strongly, fence with your left side leading, and with your entire body and strength, toward his head and body (whatever you can get) rather than toward his sword. In fact, you should strike as though he had no sword, or as though you couldn't see it, and you shouldn't disdain the flesh-wounds, but be always working and in motion so that he cannot come to blows.

He further means to not directly track and follow your cut with your feet, but rather move aside a little and curve around so that you come to your opponent's flank, since you can reach him more easily from there than from the front. When your cutting and thrusting goes directly toward his exposures (toward his head or body) while stepping or treading around him, then those strikes cannot be defended or diverted by changing through or other such plays.

---

[27] In front of the words "denne" and "her" there are oblique insertion marks, which indicate a reverse order – as shown here.
[28] Verse 9.

Also notice and remember that when he says "Before, after, these two things", etc.,[29] he means there are five keywords: 'Before', 'After', 'Weak', 'Strong', and 'Within'. On these words is built the entire art of Master Liechtenauer, and they're the core and the fixed foundation of all fencing (on horse or on foot, armored or unarmored).

With the word 'Before', he means to always take and win the Leading Strike, † {whether it lands or not. (As Liechtenauer says, "Cut here and step there; charge toward him, hit or move on".[30])} When you approach by stepping or running, just as soon as you see you can reach your opponent with a step or a leap, then drive joyously toward wherever you see an exposure (toward his head or body, wherever you feel sure you can take him), boldly and fearlessly. In this way, you always win the Leading Strike, whether it goes well or poorly for him. Also, be certain and measured in your steps, so that you don't step too short nor too far.

Now, when you execute the Leading Strike (be it cutting or thrusting), if it succeeds, then quickly follow through. But if he defends against it, diverting your Leading Strike or otherwise defending with his sword, then as long as you remain on his sword, while you're being led away from the exposure you had targeted, you should feel precisely and notice

[20ʳ] ⁃;⁃ ¶ |Auch merke vnd wisse / mit deme als her spricht / vor · noch · dy zwey dink etc / |do / nent her ᵈʸ fünff wörter ·/· vor · noch · swach · stark · |Indes ·/ |an den selben wörtern / leit alle kunst / Meister lichtnawers / vnd sint dy gruntfeste vnd der / ᵏᵉʳⁿ / alles fechtens czu fusse ader czu rosse / blos ader in harnüsche /

¶ |Mit deme worte · |Vor · meynt her das eyn itzlicher guter fechter / sal alle mal den vorslag haben vnd gewinnen / † {her treffe ader vele / |als lichnawer / spricht / |Haw dreyn vnd hurt dar / rawsche hin trif ader la var} |wenne her czu / eyme gehet ader lewft / als balde als ʰᵉʳ nur siet / das her in mit eynem schrete / ader mit eynem sprunge / dirreichen mag / wo her denne indert in blos siet / do sal her hin varn / mit frewden / czu koppe ader czu leibe / künlich an alle vorchte wo her in am gewisten gehaben mag / alzo das her ia den vorslag gewinne / is tu ieme wol ader we · |vnd sal auch mit dem / in synen schreten gewisse sein / vnd sal dy haben recht zam gemessen / das her nicht czu korcz ader czu lank schreite / |wen her nü den vorslag / tuet / trift her zo volge her dem treffen vaste / noch · |weret · ~~her~~ aber ˡⁱᵉⁿᵉʳ den vorslag alzo das her im den vorslag / is sy haw ader stich mit syme swerte / abeweiset vnd leitet / |Dy weile her denne ieme noch / an syme swerte ist / mit deme als her wirt abe geweist / von der blößen / der her geremet / hat / zo sal her gar eben fülen vnd merken

---

[29] Verse 17.
[30] Verse 6.

her treffe aber vele / als ichs nоch spreche / Das
dritte dink das ist dar noch sich czu ryf adir la dar /

¶ Auch merke vnd wisse / mit deme als her
spricht / Vor noch dy czwey dink / Iczunt so heisset
her funff worte / Vor / noch / swach / stark /
Indes / an den selben worten leit alle kunst
meisters lichtnawes / vnd sint dy grüntfeste
vnd der alles fechtens czu fusse ader czu
rosse / blos ader in harnuschte / Mit deme
worte vor meynt her / das eyn iclicher gut
fechter sal alle mal den vorslag habe vnd
gewinnen wenn her czu eyme gehet ader
reyt / Als balde als her siet das her in
mit eynem schrete ader mit eynem spru[n]ge
dirreichen mag / wo her dene in dirt es blos
sizt / so sal her im dar in / mit freyden an
houpte ader czu leibe / kunlich an alle vorchte
wo her in am gewissten gehaben mag / Also
das her ia den vorslag gewinne / Is tu ieme
wol ader we / Vnd sal auch mit dem in sp[r]u[n]
schreten gewisse sein vnd sal dy haben
recht zam gemessen das her nicht czu
kurcz ader czu lank schreite / Wen her mit
den vorslag tuet / trift her / so volge her iener
dem treffen baste noch / wert es / her aber den
vorslag / also das her im den vorslag ist st
haw ader stich mit syme swerte abewe[i]st
vnd leitet / dy weile her dene iene noch hay
syne swerte ist / mit deme als her wirt abe
gewei[s]t von der / blössen der her ger ruet
hat / so sal her gar eben fulen vnd merken

ab iener in syme abeleiten vnd schützen de[r]
helve ader stiicke an syme swerte weich
ader herte swart ader stark sey ist denne
das her nu wol fület / dy iener in syme ge-
ferte ist / Is das iener stark vnd herte ist
Indes das herz nu gentzlich merkt vnd
fület / zo sal her ader Indes ader vnder des
das sich iener zo schützt / weich vnd swach
an leder syn / Vnd in dem selben e des das
iener zu keyme slage kome / zo sal her
denne den nochslag tuen / das ist das her
zu hant dy weile sich iener schützt vnd
sich des vorslags wert / is sy haw ader stich
zo sal her ander gefertte vnd stöcke her vor
czücken mit dem her aber zu synen blößen
kumt vnd vuluschet / also das her vnaner=
in bewegunge vnd in berurunge sy das her
iener als irre vnd betaubet mache / das
iener mit syme schützen vnd weren also
vil zu schaffen habe / das her / der schützen
zu syner slege keyne kome mag / Den
eyner der sich sal schützen / vnd der slege
war nemen der ist alle mal in gröſſer
far denne der dor da slet of in / Wen her
mit ia dy slege wert / ader nius sich lasen
treffen / Daz her selber mulich zu slage
mag kome / Dorum spricht lichtnaue Ich
sage vor ware sich schützt key nia aue vare
hastu vornomen / zu slage mag her kleyne
kome / Ensu andis noch de fünf wörter[n]
of dy der red gar get vnd alles fechten
heliem sich ofne haluer ez meist sweyer keine
ist vnd de vorslag gewinet noch der lere

[20ᵛ] ab iener in syme abeleiten vnd schützen der hewe ader stiche / an syme swerte / weich ader herte / swach ader stark / sey / |Ist denne das her nü wol fület / wy iener in syme geferte ist / |Is das iener stark vnd herte ist / |Indes / das hers nü genczlich merkt vnd fület / zo sal her ~~ader~~ |Indes ader vnderdez das sich iener zo schützt / weich vnd swach dirweder syn / |vnd in dem selben / · e · den / das iener czu keyme slage kome / zo sal her denne den nochslag tuen / |das ist / das her czu hant / dy weile sich iener schützt vnd sich des vorslags weret / is sy haw ader stich zo sal her ander gefechte vnd stöcke hervör süchen / mit den her aber czu synen blößen hurt vnd rawschet / alzo dis her vmmermer in bewegunge vnd in berürunge sy · |das her ienen als irre / vnd betawbet mache / das iener mit syme schützen vnd weren / alzo vil czu schaffen habe / das her / der schützer / czu syner slege / keyne komen mag / |wen eyner der sich sal schützen / vnd der slege warnemen / der ist alle mal in grösser var / denne der /· der da slet of in / |denne her mus ia dy slege weren / ader mus sich laen treffen / daz her selber mülich / czu slage mag komen / |Dorvm spricht lichtnawer / |Ich sage vorware · sich schutzt keyn man ane vare / |Hastu vornomen · czu slage mag her kleyne komen / |Tustu anders noch den fünff wörtern / of dy dese rede gar get / vnd alles fechten

|Dorvm slet oft / eyn bawer eyn meister / wen her küne ist vnd den vorslag / gewinnet / noch deser lere /

whether he's Hard or Soft, and Strong or Weak on your sword (in his covering and diverting of your cut or thrust).

Thus, you fully feel how he is in his action. If he's Hard and Strong Within it, then as you fully feel and notice this, become Soft and Weak during and Within it, and before his cover is complete, execute a Following Strike. In other words, you immediately strike while he's still defending himself and covering your Leading Strike (be it cutting or thrusting). Then seek out other plays and rules, and with those, again step and strike toward his exposures.

Thus, you're continually in motion and in contact, so that you confuse and cheat your opponent amid his covering and defense, and he has too much work covering himself and cannot win the Leading or Following Strikes. When he must cover himself and fixate on your strikes, he's always in greater danger than you: he must continue to defend himself or allow himself to be struck, and thus can only make his own strikes with great pain.

This is why Liechtenauer says "I say to you honestly, no man covers himself without danger. If you have understood this, he cannot come to blows".[31] You must thus fence according to the five words, which this statement and the whole of fencing are based on.

(Thus, a peasant may end up slaying a master simply because he's bold and wins the Leading Strike, as this teaching describes.)

---

[31] Verses 40-41 and 100-101.

By the word 'Before', as we read earlier, he means to step in or charge, boldly and fearlessly, with a good Leading Strike (or with any initial strike) aiming toward the exposures of his head or body.

Whether you land it or not, you will still succeed at dazzling and frightening him so that he doesn't know what to do against this, and cannot recover or come to his senses before you immediately do a Following Strike, and thus you continually force him to defend and cover, so that he cannot come to his own blows.

If you do the first strike or Leading Strike and he succeeds in defending, then in his defense and covering, he could always deliver a Following Strike faster than you (even though you had the first one). He could immediately cut, or drive in with his pommel, or send **crosswise cuts** (which are always reliable), or he could just throw his sword forward crosswise (and with that, enter other plays), or begin something else before you get the chance to continue.

(It's written further on how one play grows from another such that your opponent cannot get away unbeaten, as long as you follow this teaching.)

† {So, perform the Leading Strike and the Following Strike as one idea and as though they were a single attack, one promptly and swiftly following the other.}

When it happens that someone defends against the Leading Strike, he must defend with his sword, and in this way, he must always come onto your sword. If he's late and unready in his defense, then remain on his sword and immediately wind, and feel precisely and notice whether he wants to pull back from your sword.

Once you're engaged with each other on the sword and have extended your points toward each other's exposures,

[21ʳ]³² |Wenne mit dem wrote · vor · als e gesprochen ist / meynt her / |das eyner mit eyme guten vorslage ader mit dem ersten slage / sal eyner kunlich an alle vorchte dar hurten vnd rawschen / keyn den blössen czu koppe ader czu leibe / |her treffe ader vele / |das her ienen czu hant als betewbet / mache vnd in irschrecke / |das her nicht weis was her keyn desem solle weder tuen / |vnd auch · e · denne sich iener weder keyns irhole / ader weder czu im selber kome / |das her denne czu hant den nochslag tue / |vnd im io zo vil schaffe / |czu weren vnd czu schützen / das her nicht möge czu slage komen / denne wen deser den ersten slag / ader den vorslag tuet / vnd in iener denne weret / in dem selben weren vnd schutzen / |zo kumpt deser denne alle mal · e · czu dem nochslage den iener czu dem ersten / |den her mag / czu haut czu varn mit dem klosse / |ader mag / in dy twerhewe komen / dy czu male gut syn / |ader mag sost das swert dy twer vor werfen / |do mite her in ander gefechte kumpt / ader sost mancherleye mag her wol beginnen / · e · denne iener czu slage kumpt / |als du wirst horen wy sich eyns aus dem andern macht / das iener nicht mag von im komen vngeslagen / tut her anders noch deser lere † {Wenne her sal mit eyme gedanken / vnd zam mit eyme slage / ab is möglich were / den vorslag vnd nochslag tuen / risch vnd snelle noch eymand[er]}³³

¶ |Auch möchte is wol dar czu komen / ab iener den vorslag weret / |zo müste her in weren mit dem swerte / vnd alzo müste her desen io an syn swert komen / vnd wenn denne iener ui eczwas trege vnd las were / |zo möchte deser denne an dem swerte bleyben / |vnd sal denne czu hant winden / |vnd sal gar eben merken vnd fulen / ab sich iener wil abeczihen von dem swerte / ader nicht /

¶ |Czewt sich iener ab / als sy nü vor mit eymander an dy swert sint komen / vnd dy orter keyn eymander recken / czu den blossen / |E denne sich / denne iener keyns haws ader stichs / of eyn news weder

---

³² Folia 21 and 22 form a single bifolium which was inserted at this point in the text after the rest of the quire was written.
³³ Here the writing is cut off by manuscript trimming.

eyne mit dem worte vor als e gesprochen ist
meynt her das eyn mit eyme guten vorslage
ader mit dem ersten slage sal eyn tulich an
alle vorchte dar hurte vnd rawsche bey den
blossen czu koppe ader czu leibe her treffe ader
vele das her iene czu hant als betewbet
mache vnd ij nyhtwerde das her nicht weis
was her key desen solle wedir tun vnd auch
e dene sich iev weder keyn ij hole ader wed'
czu ij selber kome das her dene czu hant
den nochslag tue vnd ij iv zo vil schaffe
czu twere vnd czu schutze das her nicht moge
czu slage kome / Iene wen der de erste slag
ader d' vorslag tuet vnd ij ien dene wert
ij dem selbe were vnd schutze so kuyt der
iene alle mal e czu dem nochslage den ien
czu d' erste den her mag czu hant czu vor
mit den floße / ader mag ij dy twer helbe
kome dy czu male gut ist ader mag sost
das ... dy twer vor twey fey do mite sy
ij ander gesyehte kumt ader sost mancher-
leye mag her wol bekumesse dene ien czu
slage kumt als du kun st hore wy sich eyns
aus d' andir mache das ien nicht mag
doy ij kome vurslage tut her auch noch
der leut ... noch mochte is wel dar czu kome
ab ien d' vorslag wert so müste her ij
were mit den schute vnd also müste har dy
iv ay ... kome vnd die dene ien etzwas
treye vnd las were so mochte deser dene ay
den slote bleybe vnd sal dene czu hant widir
vnd sal gar eby mete vnd fuley als sich ien
wil abkyhte vo dem slute ader nicht lozeht
sich ien ab als ...ni dor mit eynander an
by reyt sut kome vnd dy ouer key eynand'
rechey czu d' blossey / I e dene sich dene iener
keys halus ader slynys / of ey news weder

Weue her sal mit eyme gedanke vnd gar mit
eyme slag sal iv moglich were / den vorslag
noch slag tue / rysh vnd snelle noch eynad'

schole mag mit sine aber ihe so hat in der
czu haut mit sine orte noch gevolget mit eyne
gute stiche zu der brost ader sost borne zu
kvs hat in ayn schureste vnd neheste ihen effer
mag / also das in ich mit meiste ane schade
von deyn stote mag kome / Ist deser hat iz den
hat mit sine nochvolge / neher zu ieme mit
deyn als her sine ort vor ay deyn stote gevalt
hat hey iczude noch de aller neheste vnd koreste
we das ieh mit sine aberzihe of ey nebvs solde
helve ader stiche / weit vme dan breyte / also
mag iv desp alle male zu deyn nochslage
ader stiche kome e deme ieh zu deyn ersten
vnd das meyt lichtualt mit deyn storte / vorch
we eyn in de vorslag hat getan / so sal her
zu haut ay sude los ef der selben bart den
nochslag tue / Vnd sal snein in bevegunge vnd
in ruringe syn vnd trume efs noch deyn ande
treibt etc. vm das erste bele / das dar ande
das dritte ader das vierde treffe / Vnd iv ieme
nicht lasse zu kyne slage kome / Wey keyn
mag grosse voteil of sechte haby den der
noch der lere deser kunst worter tut / Ist
aber das ieh ay de stote bleybt / mit dem als
her mit sine vere vnd stutze desen ay syn
stot ist kome / Vnd is sich also vorgange hat
das deser mit m ay de stote ist bleby / vnd
noch nicht den nochslag hat getan / so sal
desp winden / of vnd hit m also ay deyn stote
stehe / vnd sal gar oby merke vnd sule / ab ieu
swach ader stark ist ay deyn stote / Ist deme
das deser merkt vnd fulet / das iener stark
herte vnd sere ay deyn stote is / vnd desr in
meyt sy slit hy dringe / so sal deser deme swach
vnd weich dewedr syn / vnd sal syn starke
bverge vnd stat geby / Vnd sal im syn svt hyn
lasse prelly vnd vorstury suit p dringe dar
her tuet vnd deser sal deme syn svt spelle

[21ᵛ] irholen mag mit syme abeczihen · |zo hat im deser czu hant / mit syme orte noch gevolget / mit eynem guten stiche czu der brost / ader söst vorne czu wo her in am schiresten vnd nehesten getreffen mag / |alzo das im iener mit nichte / ane schaden von dem swerte mag komen / |wenn deser hat io / czu hant mit syme nochvolgen / neher czu ieme / mit dem als her synen ort / vor / an dem swerte gestalt hat keyn ieme / noch dem aller nehesten vnd körczsten / |wenn das iener mit syme abeczihen / of / eyn news solde hewe ader stiche / weit vmbe / dar brengen / |alzo mag io deser alle mal · e · czu dem nochslage ader stiche komen / · e · denne iener czu dem ersten / |Vnd das meynt lichtnawer mit dem worte / noch / |wenn eyner im den vorslag hat getan / |zo sal her czu hant an vnderloz / of der selben vart den nochslag / tuen / |vnd sal vmmermer in bewegunge / |vnd in rürunge syn / vnd vmmmer eyns noch dem andern treiben / |ab ym das erste vele / |das daz ander das dritte |ader daz vierde treffe / |vnd io ienen nicht lasse czu keyme slage ko-men / |Wen keyn / mag grosser vorteil of fechten haben / den der nach der lere / deser fünff / wörter tuet /

¶ |Ist aber das iener an dem swerte bleybt / mit dem als her mit synem weren vnd schutzen desem an syn swert ist komen / vnd is sich alzo vorczagen hat das deser mit im an dem swerte ist bleben / |vnd noch nicht den nochslag hat getan · |zo sal deser winden / o̶f̶ vnd mit im alzo an dem swerte stehen / |vnd sal gar eben merken vnd fülen / ab / ien swach ader stark ist an dem swerte /

¶ |Ist denne das deser merkt vnd fület / das iener stark herte vnd veste an dem swerte ist / vnd desen / nü meynt syn swert hin dringen · |zo sal deser denne swach vnd weich dirweder syn / |vnd sal syner sterke weichen vnd stat geben / |vnd sal im syn swert / hin lassen preln vnd w̶e̶r̶ varn / mit syn dringen daz her tuet / |vnd deser sal denne syn swert snelle

If he pulls himself back, then before he can recover from your strike, immediately follow through with a good thrust toward his chest with your point (or otherwise forward toward wherever you can land the surest and closest hit) in such a way that he cannot escape from your sword without harm, because when you immediately follow like this you get closer and closer to him, and with that, you direct your point forward on his sword toward whatever's nearest and closest.

Thus, even if your opponent cuts or thrusts wildly around as he pulls back, you can always come faster into the Following Strike (cutting or thrusting) before he comes to his first one.

Now, with the word 'After', Liechtenauer means that when you have made the Leading Strike, you should deliver a Following Strike in the same movement (immediately and without pause), and be always in motion and in contact, and always do one after another. If your first strike fails, then the second, the third, or the fourth lands, and your opponent is never allowed to come to blows. No one can have greater advantage in fencing than he who executes the five words according to this lesson.

But if, once you have come onto his sword, your opponent remains on your sword with his defense and covering, and you also remain on his sword and haven't yet delivered a Following Strike, then stay on his sword and wind, and feel precisely and notice whether he's Strong or Weak on your sword.

If you feel and notice that he's Hard, Strong, and firm, and wants to press on your sword, then be Soft and Weak against him and give way to his strength, and allow your sword to be swept out and driven away by his pushing. Then quickly and rapidly divert and pull your sword back, and drive swiftly against his exposures, toward his head or body, with cutting, thrusting, and slicing (however you find the nearest and surest way).

Because the harder and surer he pushes in and forces with his sword while you're Soft and Weak against it, giving way to him and allowing your sword to go aside, the more and the further his sword also goes aside, and he becomes quite exposed. Then you can strike and injure him as you want before he recovers himself before your cut or thrust.

However, if you feel and notice that he's Soft and Weak on your sword, then be Hard and Strong against him, and charge forward with your point firmly on his sword and drive toward his exposures (whichever is closest), just as though a cord or a thread were tied to the point of your sword which would lead it to his nearest exposure.

With this thrust, you become well aware of whether he's Weak, letting his sword be pushed aside and letting himself be hit, or he's Strong, defending and diverting your thrust.

If he's Strong on the sword, defending against your thrust and diverting the sword, then become Soft and Weak against it once again, giving way to him and letting your sword be pushed aside, and then swiftly seek his exposures with cutting, thrusting, and slicing (whichever it may be). This is what Liechtenauer means by the words 'Hard' and 'Soft'.

This is based on the classical authorities:

[22ʳ] lassen abegleiten · |vnd abeczihen / balde vnd risch · |vnd sal snelle dar varn keyn synen blossen / czu koppe ader czu leibe / wo / mit hewen stichen vnd sneten / wo her nür / am nehesten vnd schiresten mag czu komen / |wen e · herter vnd · e · sürer iener dringt vnd druckt mit syme swerte / |vnd deser denne swach vnd weich dirweder ist · |vnd syn swert lest abegleiten / vnd im alzo weicht / · e · verrer vnd · e · weiter denne ieme syn swert wek prelt · |das her denne gar blos wirt / |vnd das in denne deser noch wonsche mag treffen vnd rüren / · e · denne her sich selber / keyns haws ader stichs irholen mag /

¶ |Ist aber iener an dem swerte swach vnd weich · also das is deser nü wol merkt vnd fület / |zo sal deser denne stark vnd herte dirweder syn / an dem swerte / |vnd sal denne mit syme orte sterklichen an dem swerte hin varn vnd rawschen keyn iens blossen gleich vorne czu / |wo her am nehesten mag / Recht zam im eyn snure ader vadem / |vorne an synen ort were gebunden / |der im synen ort of das neheste / weizet czu ienes blossen / |vnd mit dem selben stechen |das deser tuet / |wirt her wol gewar / |ab iener zo swach ist / daz her im syn swert lest alzo hin dringen vnd sich lest treffen Ist |aber ab her stark ist vnd den stich weret vnd abeleitet /

¶ |Is das her stark wirt weder an dem swerte / vnd desem syn swert abeweiset vnd den stich weret / |also das her desen syn swert vaste hin dringt / |zo sal deser aber swach vnd weich dirweder werden / |vnd sal syn swert lassen abegleiten / |vnd im weichen / |vnd syne blossen rischlichen süchen / mit hewen stichen ader mit sneten |wy her nür mag · |Vnd das meynt lichtnawer / mit desen wörter / · weich · vnd herte / |vnd das get of dy auctori=

laßen abegleiten / vnd aberichtñ bald vnd
risch vnd sal stelle den hawe key zwey
bloßen czu koppe ader czu leibe / wo mit helue
stiche vnd stiche / wo her mir · an treffen vnd
schueste mag czu kome / Wen e hat er vnd
e sticht · ich drÿnge vnd druck mit sÿne
swete / vnd deser · dne swach vnd weich du lues
ist / vnd zu flyt lest abegleite vnd ich also
weich e betret · vnd e weit dne iene sÿ flÿt
vek pizet · das her · dne gar bloß wirt / vnd
das in dne deser noch wonstke mag treffen
vnd im rechte dne her · sich selber keyñ halse
ader · stoße ñ holcÿ mach / Ist aber · ich an
deÿ flute swach vnd weich · also das is deser
nu wol meist vnd fulet / so sal deser · dne
stark vnd herte du weder · ÿñ an dem flüte
vnd sal dne mit sÿne orte · steckflichs an deñ
flüte haÿ bary vnd inluste · key iens bloße
scleich vorñe ÿñ / wo her · an nehest mach
recht zam iny ey sinne ader · badelÿ vorñe
an sÿne ort were hebude / der iñ sÿne ort
of das nehest weiset zu ienes bloßen / vnd
mit dem selbe rechte · das deser tuet · kunt
her · wol gewar · ab ich zo swach ist / da her ·
iny sÿ flüt lest also hÿn drinnge vnd sich lest
treffe /· Ist aber · ab her · stark kunt
weret vnd abeleitet / Is das her · stark kunt
weder · an dem flute vnd desen zu flyt abe
weiset vnd dñ stich weret / also das her · des
sÿ flut baste hÿn dringe / So sal deser · des
swach vnd weich du weder · widey / vnd sal
sÿ flut laße abeleite vnd im swechen /
vnd sÿne bloße ristlichen stiche mit helue
stiche ader · mit stice wy her · im · mait
vnd das weÿt Alstualÿ mit desñ wörter ·
weich vnd herte / vnd das get of dy autor

das als aristotyles spricht iŋ libᵒ pryameniās
Opposita iuxta se posita magis elucescunt vel opposita opposit- cuiuit ⁊ Etwach wider stark
herte wider weich et c⁊ Heue solde starck
weder stark zu gesigt allemal des steifen
vor bin get lichtnawer fechte noch rechte Vnd
worhaftiger kunst dar das er swacher mit
syn kunst vnd list als sehir gesigt als als
der starker mit sin sterke vor bin were auch
kunst vor bin fecht lere wol süle als licht-
nawer spricht das füley lere / Jn des das wort
sneidt / Spric des wen du eyme an dy slute bist
vnd fülest im wol ab ich swach ader stark
an im slute ist / Jn des ader dy weile so magstu
dene wol trachten vnd wissen was du salt
tun noch des vor gesprochen lere vnd
kunst / wen her mag sich ir nit lichte abe
tzihen von slute ane schade Dey lichtnawer
spricht / slach das her snabe wer sich vor dir
tzut aber Tu noch deser lere zu bestepn wol
also das du wen dir slag habest vnd gewi-
nest vnd als balde als du den tust so tu dene
dennoch in eyme rusche ymediate an vnderloz
den nochslag das ist den ander, den dritte, ader
den vier den slag / Habe aber sorch das in iener
nicht zu slage kome / kompft der mit ym an das
slut so bis sichrer an den fuley vnd tu als vor-
geschrieben ist / Wen die ist d' grunt des fechtens
das er mag hinern in snoten ist / Vnd nicht deyn
Vnd kompt is deyr an das fuley so tu ut sup' p'-
mosso vnd sup' seq' als ab du in den vorslag
gewonnen so tu in nichte zu gehelich vnd zu
sich stunde das du nicht noch deme mogst n'scholen
des nochslages drvbe spricht lichtnaw für ·
ofᵗ dich zoffe alle ding haby limpf vnd mosse
vnd das selbe vornym och do den sul tret vnd des
alley anderk stvcke vnd gesetze des fechtens rᵗ

[22ᵛ] tas / |als aristotyles spricht in libro peryarmenias · |Opposita iuxta se posita · magis elucescunt / |vel / opposita oppositis amantur / |Swach weder stark / herte weder weich / et equatur / |Denne solde stark weder stark syn / |zo gesigt allemal der sterker / · |dorvm get lichtnawer fechten noch rechter vnd worhaftiger kunst dar / |das eyn swacher mit syner kunst vnd list / als schire gesigt / ~~mit~~ /als eyn starker mit syner sterke / |worvm were anders kunst /

¶ |Dorüm fechter lere wol fülen / |als lichtnawer spricht / |das fülen lere / Indes daz wort / sneidet sere / |den wen du eyme am swerte bist |vnd fülest nü wol ab iener swach ader stark am swerte ist · |Indes · ader dy weile · |zo magstu denne wol trachten vnd wissen was du salt keyn im tuen / noch deser vorgesprochen lere / |vnd kunst / |wen her mag sich io mit nichte abe czihen vom swerte ane schaden / Den lichtnawer spricht / |slach das her snabe / wer sich vör dir czewt abe /

¶ |Tu noch deser lere / zo bestestu wol alzo das du io den vorslag habest vnd gewinest / |vnd als balde / als du den tuest / |zo tu denne dornoch in eyme rawsche / inmediate an vnderloz den nochslag / |das ist den andem / den dritten / ader den vierden slag / haw aber stich / |das io iener nicht czu slage kome / |kömstu denn mit im an daz swert / |zo bis sicher an dem fulen / |vnd tu als vor geschreben ist / |wen dis ist der grunt des fechtens das eyn man vmmermer in motu ist / vnd nicht veyert |vnd kömpt is denne an das fulen / |zo tu / ut supra potuit(?) |Vnd was du treibest vnd beginnest / |zo habe io moße vnd limpf / als ab du im den vorslag / gewinnest / |zo tu in nicht zo gehelich vnd zo swinde / |das du ᵈⁱᶜʰ nicht ~~nich~~ denne mogst irholen des nochslags / |Dorüm spricht lichtnawer / |Dorof dich zoße / alle dink haben limpf vnd moße / |vnd daz selbe vornym och von den schreten / |vnd von allen andern stöcke vnd gesetze des fechtens etc

as Aristotle wrote in his book *Peri Hermeneias*: "Opposites positioned near each other shine greater, and opposites which are adjoined are augmented".[34] Thus, Strong against Weak, Hard against Soft, and vice versa. The stronger always wins when strength goes against strength, but Liechtenauer fences according to the true and correct art, so a weak man wins more surely with his art and cunning than a strong man with his strength. Otherwise, what's the point of art?

Therefore, fencer, learn to feel well; as Liechtenauer says "Learn the feeling; 'Within', that word cuts sorely".[35] When you're on his sword, and you feel well whether he's Strong or Weak on your sword, then during and Within this, you can well consider and know what to do against him (according to the aforementioned art and teaching). For truly, he can't pull back from the sword without harm: as Liechtenauer says, "Strike in so that it snaps at whoever pulls back in front of you".[36]

If you act firmly according to this lesson, you will always take and win the Leading Strike, and as soon as you execute it, charge in with a Following Strike immediately and without delay (that is, the second, third, or fourth strike, whether it be a cut or a thrust), so that he can never come to blows. If you should come onto the sword with him, be certain in your feeling and do as was written earlier.

The foundation of fencing is to always be in motion and to not delay, and fencing is also based on feeling, so *if you are able*, do as stated before and always have measure and moderation in all that you begin and do. If you win the Leading Strike, don't deliver it so impetuously or aggressively that you can't deliver a Following Strike afterward.

This is why Liechtenauer says "Thus you will see, all things have measure and moderation".[37] You should also understand this when stepping, and in all other plays and rules of fencing, etc.

---

[34] This doesn't match any recognizable Aristotelian quotation, though the idea is present in many places in his work.
[35] Verse 78.
[36] Verse 99.
[37] Verse 12.

This is the text in which he names the five strikes and the other pieces of his fencing.

21 Learn five strikes,
To the guard from the right.[38]

23 Wrath cut curves thwarts,
Has glancing with parts.

24 While the fool will parry,
Pursue, overrun, stab and harry.

25 Pull back and disengage,
Run through, press hands, and slice away.

26 Hang and wind to exposures below and above,
Strike and catch, sweep, and thrust with a shove.

This is about the wrathful cut, etc.

27 Who cuts from above in any way,
The wrathful cut's point keeps him at bay.

28 If he sees and fends you off,
Be fearless, take it off above.

29 Wind and thrust if he holds strong so;
If he sets you off, take it below.

30 Now remember this part:
Cut and thrust, lay Soft or Hard;

31 Within the Before and the After,
Be careful, and do not rush to the war.

32 Those who rashly seek the bind,
Shame above and below is all they'll find.

33 Howsoever you will wind,
Cut, thrust, slice you seek to find.

34 Further, you should learn to choose
Which of them should best suit you.

35 In whatever way you've bound,
Many masters you'll confound.

xi Do not cut toward his sword,
But rather seek his exposures.

xvi Toward his head, toward his body,
If you wish to remain unharmed.

xvii Whether you hit or you miss,
Always target his exposures.

xviii * {In every lesson,
Turn your point against his exposures.

xix Whoever swings around widely,
He will often be shamed severely.

xx Toward the nearest exposure,
Cut and thrust with suddenness.

xxi And also step always
Toward your right side with it,

xxii So you may begin
Fencing or wrestling with advantage.}

Gloss. Here notice and remember that when you cut over him straight from your shoulder, Liechtenauer calls this the **wrathful cut**, because when you're in your fury and wroth,

[23ʳ] Das ist der / text / in deme her nennet / dy fünff / hewe vnd andere stöcke des fechtens

21 FVnf hewe lere ·
von der rechten hant were dy were /

23 |Cornhaw · |krump · |twere ·
hat |schiler mit |scheitelere /

24 |Alber |vorsatzt ·
|nochreist · |öberlawft hewe letzt /

25 ·|Durchwechselt · |czukt ·
|durchlawft / |abesneit · |hende |drukt /

26 |Henge · |wind · mit blößen /·
|slag · vach · |strich · |stich mit stößen /·

Das ist von deme Czornhawe etc ~

27 DEr[39] dir oberhawet ·
|czornhaw ort deme drewet /

28 |Wirt her is gewar ·
nym is oben ab / ane vaer /

29 |Pis sterker / weder
wint / stich / |siet her is / |nym is neder /

30 |Das eben merke ·
|hewe · |stiche · |leger |weich · ader |herte /

31 |Indes vnd · |vor · |noch ·
ane hurt deme krige sey nicht goch /

32 |wes der krig remet ·
oben / neden wirt her beschemet /

33 |In allen winden /·
|hewe · |stiche · |snete · lere finden /

34 |Auch saltu mete ·
prüfen |hewe |stiche ader |snete /

35 |In allen treffen /·
den meistern wiltu sie effen /

xi |Haw nicht czum swerte ·
zonder stets der blößen warte /

xvi |Czu koppe czu leibe ·
wiltu an schaden bleyben /

xvii |du trefts ~~ader~~ ader velest ·
zo trachte das du der blossen remest

xviii * {|In aller lere /
den ort / keyn den blößen kere /

xix |Wer weit vmbe hewet /
der wirt oft sere bescheme[t]

xx |Off das aller neste /
brenge hewe stiche dar gew[isse?]

xxi |Vnd salt auch io schreiten /
eyme czu der rechten seiten /

xxii [So magstu mit gewynne][40]
fechtens ader ringens begynnen/}

¶ **Glosa** ¶ |Hie merke vnd wisse das lichtnawer / eyn öberhaw slecht von der achsel / heisset den czornhaw / ~~Den eyn~~ wen eym itzlichem in syme grymme vnd czorne

---

[38] Verse 22 is omitted for unknown reasons. It states, "And this we can promise, / Your art will be glorious."
[39] A guide letter "w" is visible under the "D" (apparently ignored by the rubricator), making the intended word "Wer".
[40] Supplemented according to fol. 29ᵛ.

Das ist der text, yn deme her nenet
dy krumpp hewe vnd andere stöcke des fechts

Hw krump vff behende
were dy wer / Cornhaw krump
were ewch hat schiler mit scheiteler / Alber
vorsatzt nochreist öberlawft hewe letzt /
Durchwechselt zukt / durchlawft abesnneit
hende drukt / henge wind mit blößen
slag vach strich stich mit stoßen //

Das ist von deme Cornhawe stöcke

Der du oberhalwet, cornhalw ort deme
drewet / wint her is gelwar, nym is
oben ab / ane vaer / pis sterker weder
wint stich / sicht her is / nym is neder /
Das eben merke, hewe stiche leger. Weich
ader herte / Indes vnd vor noch, ane hurt
deme krige sey nicht goch / Wes der krig
remet / oben, neden wirt her besthemet /
In allen winden hewe, stiche, snete lere
finden / Auch saltu mete prüfen hewe
stiche ader snete / In allen treffen den
meistern wiltu sie effen / haw nicht zum
swerte, zonder stets der blößen warte / Zu
koppe czu leibe wiltu an schaden bleyben /
du treffs ader ader, beleibest zo trachte das du
der blößen remest / ¶ Glosa ¶ Hie merke
vnd wiße das Achtmal ey ober halw stecht
von der Achsel, heisset der corn halw
haw eynttzlichem in syne gezune vnd corne

In aller lere den ort kein der blößen ker
wer weit dyne hewet / der ist oft zu bestewe
det das aller neste / doyge hewe seyn die weit

zo ist im keyn halp als bereit als der selbe
aber halp slecht von der achsel zuwm manne
vorhin mebir lichtwals Ist du eyner zu helde
mit eyn obir halp so salt du key in nider
halbe de hornhalv also das du mit dyme
orte vaste key im schiffet wert her du dyr
ort zo deluch balde oben ab vnd bar zu der
andir site dar syne slyte wert her du dar
zo die harte vnd stark im slyte vnd wind
vnd stich balde vnd kurlich got her du- Stich
zo sweis vnd halp balde vnde zu wo du virst
zu berne also das du vmer in eyne noch den
andir treibest das er nicht zu slage kome
vnd dy vorgesprochte worter. der noch Judex
Marca starck vnd helve stiche vnd snete der
saltu du male wol gedenken vnd nyt nichte
vorgessen in deme gefechte Auch saltu nicht
sere eylen mit deme kirge. den ab dir eyn
helet oby des du remest so tryffestu vnden
als du kunst horet vnd stich eyns aus dem
andir mank noch verstet der riger kunst
Besuder helve stiche snete vnd salt nicht
zu eyns slyte halve sonder zu im selber
zu koppe vnd zu leibe wo eyn mag &c.
Auch mag uia vornemen das da erste ge
worchte also grossen von du oberhewest zorn
halv deme hewet der ort des hornhalvs
nidir zu noch deser lere vnd bis vmer in worh
du treffest ab nicht das er nicht zu slage kom
vnd stich ist wol besyth aus mit der gelven
Auch wisse das iur zwene helve seyn
aus der alle helue andir nach dy kunen
say dy vmer treiat mocte werden das

[23ᵛ] |zo ist im keyn haw als bereit / |als der selbe oberhaw slecht von der achsel / czum manne / |Dorüm meynt lichtnawer / Wenn dir eyner czu hewt / mit eym obirhaw / |zo salt du keyn im weder hawen den czornhaw / |alzo das du mit dyme ort vaste keyn im schisset / |wert her dir dyn ort / |zo czewch balde oben ab / vnd var czu der andern syten dar / syns swerts · |wert her dir daz aber / |zo bis harte vnd stark im swerte / |vnd wind / vnd stich balde vnd kunlich / |wert her dir den / stich / |zo smeis vnd haw balde vnden czu / wo du trifst / czun beynen / |alzo das du vmmermer eyns noch dem andern treibest / das iener nicht czu slage kome / |Vnd dy vorgesprochen wörter · vor · noch · Indes · swach · stark / |vnd · hewe · stiche · vnd · snete · |der saltu czu male wol gedenken / |vnd mit nichte vorgessen in deme gefechte

¶ |Auch saltu nicht sere eylen mit deme krige / |den ab dir eynes velet oben / des du remest / |zo triffestu vnden als du wirst hören wy sich eyns aus dem andern macht / noch rechtvertiger kunst / besunder hewe stiche snete

¶ |Vnd salt nicht czu eyns swerte hawen / |zonder czu im selber / czu koppe vnd czu leibe / wo eyner mag |etc |Auch mag man vornemen / das der erste verse mochte alzo stehen / |wem du öberhewest czornhaw / |deme drewt der ort / des czornhaws |etc |Nür tu noch deser lere / vnd bis vmmermer in / motu / du treffest ader nicht / daz iener nicht czu slage komᵉ |vnd schret io wol besytz aus / mit den hewen /

|Auch wisse das nur czwene hewe seyn aus den alle ″ander ″hewe⁴¹ ~~wy dy~~ komen |wy dy vmmer genant mögen werdn / ~~das~~

there's no other cut as ready as this blow (straight from your shoulder toward the man).

By this, Liechtenauer means that when someone begins to cut over you, counter it by **cutting wrathfully** in and then firmly shoot your point against him. If he defends against your thrust, then swiftly take it away above and drive suddenly to the other side of his sword. But if he defends again, then be Hard and Strong against him on his sword, and swiftly and boldly wind and thrust. If he defends against this thrust, then take off again and quickly throw a cut below toward his legs (or wherever you can).

In this way, you continuously do one strike after another so that he cannot come to his own plays. Always keep the earlier keywords in mind ('Before' and 'After', 'Within', 'Strong' and 'Weak'), as well as cutting, stabbing, and slicing, and by no means forget them in your fight.

Also, don't rush with the **war**, because if an attack that you aim above fails then you should hit below.

(It's written further on how one strike makes itself out of another according to the legitimate art, regardless of whether it be cutting, thrusting, or slicing.)

Don't cut toward his sword, but rather toward him (toward his head or toward his body, wherever you can, etc.), and consider that the first verse could state "Whomever you cut over **wrathfully**, the point of the **wrathful cut** threatens him", etc.⁴²

Simply act according to this teaching and always be in motion; either you hit or you miss, but he cannot come to blows (and with your striking, always step out well to the side).

Also remember that there are only two cuts (that is, over and under both sides), and all other cuts come from them regardless of how they're named.

---

⁴¹ The two words "hewe" and "ander" are interchanged in the manuscript, as indicated by corresponding insertion characters.
⁴² Verse 27.

These are the pinnacle and the foundation of all other cuts, and they, in turn, come from and depend on the point of the sword, which is the center and the core of all other plays (as was written well earlier).

{From these same cuts come the **four parries** from both sides, with which you disrupt and counter all cutting and thrusting, and all guards. From them, you also come into the **four hangers**, from which you can perform the art well (as is written further on).}

However you fence, your point should ever and always be turned against your opponent's face or chest, so that he's constantly frustrated and concerned that you'll arrive faster than him because your path to him is shorter. If it happens that you win the Leading Strike, then be secure, certain, and quick with this turning, and as soon as you have thus turned, immediately begin to drive agilely and courageously.

Your point should always seek your opponent's chest, turning and positioning itself against it (as is written better further on). As soon as you come upon someone's sword, your point should never be more than three hand-breadths[43] away from his face or chest, and take care that it will arrive on the most direct path and not travel widely around, so that your opponent cannot arrive first.

Don't allow yourself to become relaxed or hesitant, nor defend too lazily, nor be willing to go too widely or too far around.

[24ʳ] |das ist der öberhaw · vnd der vnderhaw / von beiden seiten · |dy sint dy hawpt hewe |vnd grunt aller ander hewe / |wy wol dy selben vrsachlich vnd gruntlich / |auch komen aus dem orte des swertes / |der do ist der kern vnd das czentrum aller andern stocke / |als das wol vor ist geschrebn # {|vnd aus den selben hewen komen dy vier vorsetczen |von beiden seiten / mit den man alle hewe vnd stiche ader leger / letzt vnd bricht / |vnd aus den man auch yn dy vier hengen kumpt / aus den man[44] wol kunst treiben mag / |als man hernoch wirt horen} |Vnd wy eyn man nur ficht / zo sal io allemal den ort keyn eyns gesichte / ader brust keren / |zo mus sich iener alleczeit besorgen · |das her icht · e kome wenn her · |wen her io neher czu im hat wenn iener / |Vnd ab is alzo queme / |das iener den vorslag gewunne / zo sal deser sicher vnd gewis / vnd snelle seyn mit dem wenden / |vnd als bald als her im gewendet hat / |zo sal her czu hant czuvaren ~~rich~~ risch vnd balde / |vnd syn ort sal allemal iens brust begeren vnd sich keyn der keren vnd stellen / |als du hernoch wirst bas horen / |Vnd der ort / als bald her eyme an das swert kumpt / ~~mit dem swerte~~ / |der sal allemal kawme üm eyne halbe ele · verre · |von iens brust ader gesichte seyn / |vnd des gar wol war nemen ab her yndert dar komen möchte / vnd io of das neste / |vnd nicht weit üm / |das iener icht · e · queme wen deser / |ab sich deser icht lassen vnd zümen würde / |vnd czu trege wer / |ader czu weit wolde dar komen |vnd czu verre üm /

---

[43] Literally "half an ell"; the length of a Medieval ell varies by town and region, but is generally based on either the length someone's elbow to fingertips, or six times the width of someone's hand. I find the handbreadth measure to be easier to visualize.

[44] At this point there is an ink stain which might hide an original "g" (which can only be seen indistinctly).

das ist der oberhalb vnd der vnderhalb
voy beiden seyten, dy sint dy haupt helue
vnd sint aller ander helue, wy wol dy
selby vrsachlich vnd gruntlich, auch kome
aus dem orte des swertes, der do ist der kern
vnd das centrum aller ander storke, als das
wol vor ist geschriben, vnd wy eyn man mir
ficht, so sal ich allemal den ort keyn eyme ge-
sichte oder brust keren, so mus sich yener
allczeit besorgen, das her icht e kome we
der, wen her icht nicher czu mir hat we ich
vnd ab ich also queme, das ich den vorslag
gewunne, so sal deser sicher vnd gewis, vnd
snelle seyn mit dem wenden, vnd als bald
als her ich gewendet hat, so sal her czu
hant czufaren mit nisch vnd balde, vnd
syn ort sal allemal ichs brust begeren
vnd noch seyn der ker vnd stelley, als zu
gehorth wust das her, wild der ort, als
bald her eyme an das swert kupt in dem
wenden der sal allemal körnen bey eyne hal=
be ele, dorne von yens brust oder gesichte
seyn, vnd des her wol war nemen, ab ey-
nder dar kome mochte, vnd is ab das
neste, vnd nicht weit bey, das ich icht e
queme wen deser, als sich deser icht lasse
vnd zuwe winde, vnd czu wege kere, ad
zu weit wolde dar kome vnd czu sweym

vnd aus der selbe helue kome dy drei vorgetz-
vn beiden seite, mit der man alle helue vnd stiche
der leger slecht vnd bricht, vnd aus der man
noch yn dy drei hege kupt, aus der man wol
kupt treyben mag, als ma hi noch wirt horen

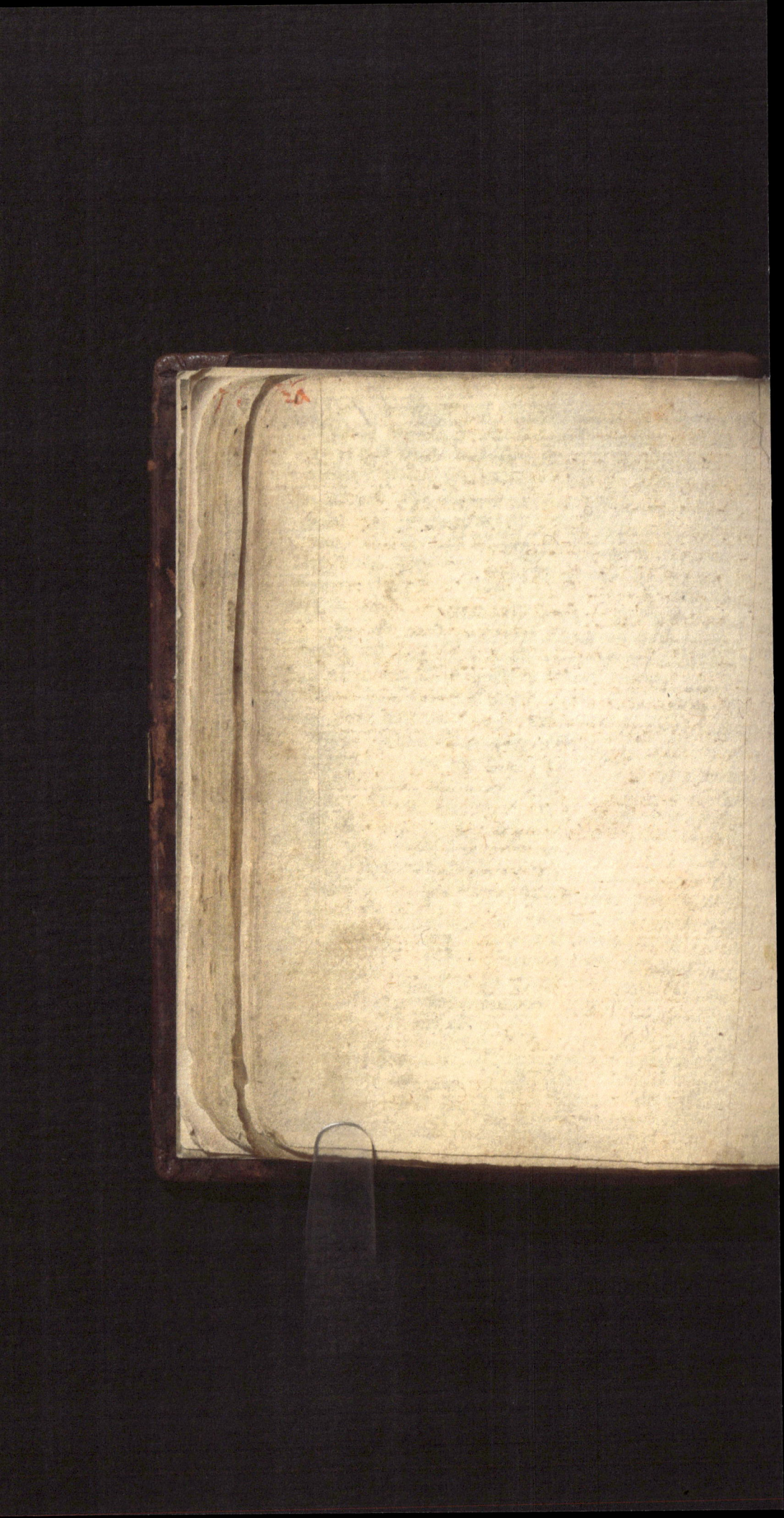

[24ᵛ] (Blank)

This is about the four exposures, etc., etc.

36 Four exposures know,
 To truly guide your blow.
37 Without fear or doubt,
 For what he'll bring about.

Gloss. Here remember that Liechtenauer divides a man into four parts, as if he drew a line on his body from his scalp downward to between his legs, and another line on his body along his belt.[45] In this way, four quarters arise: one right and one left above the belt, and the same below the belt. These are the **four exposures**, which each have their particular techniques.

Never target the sword, only the exposures.

How to break the four exposures.

38 Redeem yourself by taking
 Four exposures by their breakings.
39 To above, you redouble,
 Transmute low without trouble.
40 Now do not forget,
 No one defends without a threat.
41 If this is well known,
 Rarely will he come to blows.

[25ʳ] Das ist von den vier blössen etc etc

36 VIer blößen wisse ·
 remen zo slestu gewisse /
37 |An alle var ·
 an zweifel wy her gebar

¶ **Glosa** ¶ / |Hie merke / daz lichtnawer / der teilt eyn menschen yn vier teil / recht zam das her eym von der scheitel / eyn strich vorne gleich neder machte an sym leybe / |bis her neder czwischen syne beyne / |Vnd den andern strich by der görtel · dy czwere öber den / leib / |zo werden vier vierteil eyn rechtes vnd eyn links öber der görtel / |vnd alzo auch vnder der gortel / |das sint dy vier bloßen / |der hat itzlichs syne sonder gefechte / |der reme vnd nummer keyns swertes / zonder der bloßen

Von den vier blössen / wy man dy bricht

38 WIltu dich rechen /
 vier · blössen kunstlichen brechen /
39 |Oben duplire ·
 do neden rechten mutire /
40 |Ich sage vorware ·
 sich schötzt keyn man /⁽ᵃⁿᵉ⁾ vare /
41 |Hastu vornomen ·
 czu slage mag her kleyne komen ·~

---

[45] Note that Medieval people generally wore their belts at the top of their waists, meaning at their navels or just below their ribs.

Das ist von den vier blößen etc.

Vier blößen wisse zu remen
zo geweisse / zu alle var an zweifel
ay her gebar / **Glosa** / Hie merke daz
lichtenaw der teilt eyn menschen yn vier
teil recht zam das er eym von der schei
tel eyn strich vorne gleich neder machte
an syn leybe biß her neder zwischer syne
beyne / vnd de anderen strich by der gürtel dy
queere über de leib / zo werde vier vierteil
ey rechtes vnd ey linkes über der gürtel vnd
alzo auch vnder der gürtel / das syn dy vier blöße
der hat itzliches syn sunder gefechte der zeine
vnd immer keins wartet zunder der blößen

Von den vier blößen wy man dy bricht

Wiltu dich rechen vier blößen kunstlichen
brechen / Oben duplire zo neder mutire
alle / Ich sage vorware / sich schützt
keyn man vare / Hastu vornomen / zu
slage mag her kleyne komen

Das ist von deme krumphawe

Krump auf behende · wirf deynen ort
auf dij hende / krump wer wol setzet
mit schreten vil hewe letzet / Haw krump
tzu flechen · den meister in wiltu sie swe-
chen / wen is klitzt oben · stant abe das
wil ich loben / krump nicht kurtz hawe
dorch wechsel do mete schawe / Krump wer
dich irret · der edle krig den vor virret
Das her nicht vorwar · weis wo her sie
ane ·par— / Glosa / Hie merke und wisse
das der krumphaw ist eyn oberhaw der do mit
eyme guten husschrete krummes dar get zan
noch eyner siten / Dorum meynt lichtnawer
der den selben haw wol wil furen / der sal wol
bereit aus schreite zu der rechten hant · dan-
her den haw treibt / Und sal wol krumphalbe
und behendlichen · und sal ynen ort werfen
ader schissen / yene oder yn gehilcze of dij
hende · und sal aus synes fechten halben
haw her dene trift dij flechte / So sal her
starck dor of bleiben · und vaste drucken
und sal fellen · was her dene am endlichste
und geradste · dar briege mag mit heuwen
stichen ader sneten / Und sal nicht nichts zu
kortz halue · und sal des durchwechselns
nicht vorgessen · ab sichs gepurt /

[25ᵛ] Das ist von deme krumphawe / etc

42 KRump auf / behende ·
   wirf deynen ort auf dy hende /
43 |krump wer wol setczet ·
   mit schreten vil hewe letczet /
44 |Haw krump czun flechen ·
   den meistern wiltu sie swechen /
45 |Wen is klitzt oben ·
   stant abe das wil ich loben /
46 |Krump nicht kurcz hawe ·
   durchwechsel do mete schawe
47 ¶| |Krump wer dich irret ·
   der edele krig den vor virret /
48 |Das her nicht vorwar ·
   weis wo her sye ane var

¶ Glosa ·¶· |Hie merke vnd wisse |das der krumphaw / ist eyn oberhaw |der do mit eyme guten ausschrete / krumbes dar / get / |zam noch eyner seiten · |Dorüm meynt lichtnawer / der den selben haw wol wil furen / |der sal wol beseicz aus schreiten czu der rechten hant / |danne her den haw brengt / |vnd sal wol krumphawen vnd behendlichen / |vnd sal synen ort / werfen / ader schißen / ieme ober syn gehilcze of / dy hende / |vnd sal ~~czu ienes~~ ᵐⁱᵗ ˢʸⁿᵉʳ flechen hawen / |wen her denne trift / ~~dy flechen~~ [i]enes [sw]ert / |zo sal her stark dor of bleiben / |vnd vaste drucken / vnd sal sehen · was her denne am endlichsten vnd geradsten / dar brengen mag / mit hewen stichen ader sneten / |vnd sal mit nichte czu korcz hawen / |vnd sal des durchwechsels nicht vorgessen / ab sichs gepürt /

This is about the crooked cut, etc.

42 Throw the curve, and don't be slow,
   Onto his hands your point should go.
43 Many strikes you will offset,
   With a curve and with good steps.
44 Cut the curve to the flat,
   Weaken masters with that.
45 When it clashes above,
   Step off, that I will love.
46 Cut short, and curve not,
   If the changing through is sought.
47 Curve who'd distress you,
   Confuse, bind, and press him,
48 Give him no way to know
   Where he's safe from your blow.

Gloss. Here notice and remember that the **crooked cut** comes down from above and goes in a **curved** way with a good step outward to one side.

This is why Liechtenauer says that if you want to bring this cut well, step well to your right, fully flanking him with your cut, and cut in a **curved** manner, swiftly and well, and then throw or shoot your point over his hilt and over his hands.

Cut ~~toward his~~ ʷⁱᵗʰ ʸᵒᵘʳ flat; if you hit ~~the flat,~~ ʰⁱˢ ˢʷᵒʳᵈ[46] then remain Strongly on it and press firmly, and see what you can bring in the quickest and most decisive way, with cutting, thrusting, or slicing.

By no means should you cut too shortly, but if you do, then don't forget the **changing through**.

---

[46] "With your" and "his sword" are inserted over the deletions and seem intended to replace them. However, the deletions describe the typical teaching of the curved cut, whereas the insertions seem to represent a unique idea or teaching. For this reason, unlike other instances of deletion, both the original and the replacement text are translated here for comparison.

[26r] (Blank)

Eins halb heist der beller vnd kumpt aus dem
kumphalw vnd der stet geschrieben nach deme
twerhalve, do dy haut ist geschriben vnd da
sal dor deme twerhalve sten vnd der get vor
vnden dar kummes vnd schikt czu eyme oder
deme gehilcze czu, mit ort schiffen, recht zam
der kumphalw von oben neder.

[26ᵛ] ☞ ¶| |Eyn / haw / heist der veller / vnd kumpt aus dem krumphaw · |vnd der stet geschreben noch deme twerhawe / |do dy hant ist geschreben / |vnd der sal vör deme therhawe [!] sten / vnd der get von vnden dar krumbes vnd schiks / eyme ober deme gehilcze yn / mit ort schissen/ |Recht zam der krumphaw von oben neder /

There's a cut called the **avoidance** (as it's written after the **crosswise cut**), which comes from the **curved cut** and should come before the **crosswise cut**, and it attacks **crookedly** and obliquely from below and shoots the point in over his hilt, just as the **curved cut** does down from above.

#			[27^r] #	
53	Avoid and mislead, And hit low where you please.		53	☞ ¶| |Veller wer füret · von vnden noch ~~wonch~~ wonsche her ~~ri~~ rüret /
54	The inverter equips you, To run through and grip, too.		54	|Vorkerer twinget · durchlawfer auch mete ringet /
55	Take the elbow to bring Him off balance, and spring.		55	|den ellenbogen · gewis nym / sprink yn den wogen /
56	Avoid twice; If you touch, make a slice.		56	|Veller czwefache · trift man den snet mete mache /
57	Double it and on it goes, Step in left and don't be slow.		57	|Czwefaches vorpas · schreit yn link vnd weze nicht las /
xxiii	Because all fencing Will by rights have speed,		xxiii	|wen alles vechten · wil rischeit haben von rechte /
xiii	And also audacity, Prudence, cunning, and ingenuity.		xiii	|Dorczu auch kunheit · vorsichtikeit list vnde klugheit

This is about the crosswise cut, etc.

Das ist von deme Twerehawe / etc

49	What comes from the sky, The cross takes in its stride.		49	TWere benymmet · was von dem tage dar kümmet /
50	Cut across with the strong, And be sure to work on.		50	|Twere mit der sterke · deyn arbeit do mete merke /
51	To the plow drive across, Yoke it hard to the ox.		51	|Twere czu dem pfluge · czu den ochsen herte gefuge /
52	Take a leap and cross well, And his head is imperiled.		52	|Was sich wol tweret · mit sprüngen dem ^{hew} geferet / ¶|

Das ist von deme Twerchawer

Twere benymet / was von dem tage
dar kumet / Twere mit der sterke / deyn
arbeit do mete merke / Twere zu dem
pfluge / an den ochsen herte gefuge / was sich
sich wol tweret mit springen dem geferet /
Veller wer furet / von buden noch wonsch
wonsche her wynnet / vorkerer twinget
Durchlaufer auch mete rynget / deyn ellen
bogen gewis ym sprink zu den wegen /
Veller czwefaches trift man den snyt mete
mache / czwefaches vorpas schreit yn
luft vnd weze nicht las / den alles rechte
vil ristheit haby von rechte wortzu auch
kunheit vorsichtikeit list vnd klugheit

Glosa Hie merke vnd wysse das of dem
gantzen swerte keyn halp als selich zo hef-
tik zo der tik vnd zo gut ist als der twer-
halp vnd der get dan gantz dy twer czu
beyden seyten mit beyden sneyden der hin-
dern vnd der vordern czu allen blossen vnden
vnd oben vnd alles das von deme tage in
kunpt das thut dy obern helve ader was hot
von obe neder gehet das bricht vnd weret
eyner mit der twer helven der dy wol kan
dar breng͂en ader das slot wol vor wirst
dy twer vor das hewpt czu welcher seiten
her wil recht zam her in dy obern henge
ader winden wolle kome Nun das eyner
in der twer helve dy flechin des swertes eyne
oben ader of dy andern vnden ader neder
kert vnd dy sneyden czu den seyten dy twer
eynes czu der rechten vnd eyne czu der lincken
seiten vnd mit der selbe twer helve ist eym
gut eyme an das slot czu komen vnd wen
den eyner eyme an das slot kunpt wy das
mit dar kome ist so mag ich smlich von
im kome her wil bey deme geslage czu
beyden seyten mit der twer helve beyde wer
eyner twer hawe vm dar brengt czu welcher
seite is ist vnden ader oben so get im ie
das swert oby mit dem gehilcze mit vorworf-
fen hant vor seyne gelipte das her iu
wol bewart vnd bedekt ist vnd eyner sal
dy twerhelve etwas mit sterke dar brenge
vnd wen eyner sin sine halp wolde fechten
so solde her schaffen mit her der slange slehy

[27ᵛ] ¶ Glosa / |Hie merke vnd wisse / |das of dem ganczen / swerte / keyn haw / als redlich · zo heftik · zo vertik · vnd zo gut ist als |der twerhaw · |Vnd der get dar / |zam dy twer · |czu beyden seiten · mit beiden sneiden / |der hindern vnd der vördern / czu allen blossen / vnden vnde oben · |Vnd alles das von dem tage dar kumpt / |das sint dy öbern hewe / |ader was söst von oben neder gehet / |das bricht vnd / weret eyner / mit den twer hewen / |der dy wol kan dar brengen / |ader das swert wol vörwirft / dy twer vor / das hawpt / czu weler seiten her wil / |recht zam her in dy obern hengen ader winden wolle komen / |Nür das eyner in den twerhewen / |dy flechen des swertes / eyne oben ader of / |dy ander vnden ader neder kert · |vnd dy sneiden / czu den syten / |dy twer / eyne / czu der rechten / vnd eyne czu der linken / seiten · |Vnd mit den selben twerhewen / ist gar gut eyme an das swert czu komen / |vnd wen den eyner eyme an das swert kumpt / |wy das nür dar komen ist / |zo mag iener mülich von im komen / |her wirt von desem geslagen · czu beiden seiten mit den twerhewen / |den wy her eynen twerhaw nür dar brengt / czu weler seiten is ist / |vnden ader oben / |zo get im io das swert oben / mit dem gehilcze / mit vorworfner / hant · |vor deme hewpte / |das her io wol bewart vnd bedekt ist · |Vnd eyner sal dy twerhewe / eczwas mit / sterke dar brengen /

¶ |Vnd wen eyner üm synen hals sölde fechten · |So solde her schaffen / mit ~~her~~ der vorgeschreben

Gloss. Here notice and remember that out of the whole art of the sword, no cut is as good, as honest, as ready, and as fierce as the **crosswise cut**. It goes **across** to both sides, with both edges (the front and the back), to all exposures (upper and lower), and when you **cut across** correctly, you counter and defend against everything that comes from above (meaning the high cuts and whatever else goes downward from above).

When you bring or throw the sword forward well, it **crosses** in front of your head to whichever side you want, just as if you were to come into the upper hangers or winds, except that when you **cut across**, the flats of the sword are what turns: the one above or upward, and the other downward or below, and the edges go to the sides, one **crossing** to the right side and the other to the left side.

It's very good to come onto your opponent's sword with this **crosswise cut**, and when you get onto his sword, no matter how it happens, he can only escape from you with great difficulty.

You can also strike toward both sides with **crosswise cuts**, and as you bring the **crosswise cut** to either side, above or below, your sword should go up with the hilt above you and with your hands thrown forward in front of your head, so that you're well covered and defended.

Now, you should bring the **crosswise cut** with a certain strength, and when you must fight for your neck, use the teaching written previously so that you win the Leading Strike with a good **crosswise cut**.

When you approach him, as soon as you see that you can reach him with a step or a leap, then cut across with your back edge, from above toward his head from your right side, and let your point shoot and then **cross** well so that your point goes well and winds or turns around his head like a belt. Thus, if you **cross** well with a good leap or step to the side, he can only turn it away or cover himself with difficulty.

Once you win the Leading Strike with a **crosswise cut** to one side, no matter whether you hit or miss, immediately win the Following Strike in a single advance, at once and with no delay, with a **crosswise cut** to the other side (with the forward edge), before he manages to recover and come to blows (according to the teaching written previously).

Also, **cross** to both sides, toward the **ox** and toward the **plow** (that is, toward the upper and lower exposures), from one side to the other, above and below, continuously and without delay, so that you're always in motion and don't let him come to blows.

As often as you **cut across**, above or below, you should strike well and throw the sword **crosswise** high in front of your head so that you're well covered.

[28ʳ] lere / |das her mit eyme guten twerhawe den vorslag / gewunne · |wen her mit eyme czu ginge als balde |als her irkente / |das her ienen dir reichen mochte / mit eynem schrete ader spronge |das her denne dar placzte / mit eyme twerhaw oben von der rechten seiten / mit der hindern sneiden ieme gleich oben czu hawpte czu / |vnd sal den ort lassen schiessen / |vnd sal gar wol tweren |das sich der ort wol lenke / vnd winde / ader gorte vm iens hawpt / |zam eyn rime / ~~we~~ |denne wen eyner wol tweret / mit eyme guten ausschrete ader spronge / |zo mag sichs iener mülich schutzen / ader abewenden / |Vnd wenn her denne den vorslag alzo gewint mit dem twerhaw ~~her treffe~~ / czu der eynen seyten / |her treffe ader vele · |zo sal her denne als balde in eyme rawsche immediate an vnderloz / |den nochslag gewinnen / mit dem twerhaw czu der andern seiten / mit der vördern sneiden / · e · den sich iener keyns slags ader ichsichcz irhole / noch der vorgeschreben lere / |Vnd sal denne twern czu beiden seiten / |czum ochsen vnd czum pfluge / |das ist / czu den obern blössen |vnd czu den vndern / von eyner seiten of dy ander / |vnden vnd oben / |vmmermer / an vnderloz / |alzo das her vmermer in motu sey |vnd ienen nicht losse czu slage komen / |vnd als oft / als her eynen twerhaw tuet oben ader vnden / |zo sal her io wol tweren / |vnd das swert oben dy twer / |wol vor syn haʷpt / werfen / |das her wol bedekt sey /

lere/ das her mit eyme gute twer halbe den
vorslag gewynne, wen her mit eyme hu stich
als bald als her irkente das her iene hu
reichen mochte/ mit eyme schrete ader spronge
das her dene dar plagte/ mit eyme stich stich
oby vor der rechte seiten/ mit der hindern sneidy
iene gleich oby hin halv pte zu/ vnd sol den
ort laszen schiessen/ vnd sal gar wol tweren
das sich das ort wol lenke vnd wende/ ader
geet vm ieuts halpt/ pay em inne/ her
dene Even eyner wol tweret mit eyme gute
ausch rete ader spronge, so mag sicht ich
mulich schutze nicht ab lediy/ vnd we her
sicht den vorslag also gesut mit de twer halb
her treffe/ zu der eyne seite/ her treffe ader
vele/ so sal her dene als bald mende la custhe
imediate an sudlos, den nochslag zu tume/
mit den twer halb zu der ander seiten/ mit
der vordy sneidy/ e den sich iene keys slags
ader ichts/ ich is tole/ noch d vorgeschre lere
vnd sal dene twer zu beides seite/ zu ochs zu
vnd zu pfluge/ das ist zu dy oben blossen vnd
zu dy vndn/ von eyner seite of dy andn/ sinder
vnd oby funter/ cy vnderlos/ also das her
Imer in motu sy/ vnd iene nicht losze zu slag
kome/ vnd als oft/ als her eyne twer halb tut
oby ad vndy/ so sal her iu wol twer̄t/ vnd das
stit oby dy twer/ wol vor sin haupt wesen, das
her wol bedekt sey/

Schil bey dein rechteyn is das du wol gewest hest
den schilhalv ich preize kupt her dar ubich Bo

Das ist von deme schilhalve

Schiler iy bricht was puffel in
slet ader sticht, wer wechssel drabet
schiler dor aus iy ber abhet schilkurtz
her dich an Das durchwechssel das
ligt ym an schil zu dem orte. und
nym den hals ane vorchte. Schil iy
dem obern. Haupte hende wilt du be-
tobern Glosa Hie merke und wisse
das ein schilhau ist eyn oberhau von
der rechten seiten mit der hindern sneiden
des swertes. ist die luke seite ist gehat
und get irecht zan schilende ader schiks
dar zu eyner zeite dus geschieczt zu
der rechten mit vorvanten füte und
vorworner haut und der selbe hau der
bricht als das puffel das ist er pawer
mag geslagn sey oby uder als sie phle
len tuey stecht zan der tweerhau auch
Das selbe bricht als vor is geschreben
und wer mit durchwechsel drebet der
kumt mit den schilth als beshemet. und
eyn sal wol schilhalve und laut gemt
und bey ort haste schiessen anders der
wart gehindert mit durchwechsel und
eyner sal wol schilin mit dem orte zu
dem halse kiilich ane vorchte und

[28ᵛ] Das ist von deme schilhawe : ~ | This is about the glancing cut.

58	SChiler in bricht · was püffel nü slet ader sticht /	58	The glancer disrupts What the buffalo cuts or thrusts.
59	|wer wechsel drawet · schiler dor aus in berawbet	59	The glancer endangers Whoever threatens the changer.
60	¶ |Schil kürczt her dich an · ~~das~~ durchwechsel das sigt ym an /	60	If he looks short to you, Defeat him by changing through.
61	|Schil czu dem orte · vnd nym den hals ane vorchte /	61	To the point your glance goes, Take his neck boldly so.
62	|Schil in dem öbern · hawpte hende wiltu bedöbern /	62	Glance up high instead To endanger his hands and head.
xxiv	# {|Schil ken dem rechten / is daz du wol gerest vechten /	xxiv	# {Glance to the right, If you want to fence well.
xxv	|den schilhaw ich preize · kumpt her dar nicht czu leize}	xxv	The glancing cut I prize, If it doesn't come too lazily.}

Glosa / |Hie merke vnd wisse das eyn ~~krumphaw~~ ˢᶜʰⁱˡʰᵃʷ / ist eyn öberhaw von der / rechten seiten / mit der hindern sneiden des swertes / |dy die linke seite ist genant / |vnd get recht zam schilende ader schiks dar / czu eyner zeiten aus geschreten / czu der rechten / mit vorwantem swerte / vnd vorworfner hant · |Vnd der selbe haw der bricht als das püffel / das ist eyn pawer / mag geslaen / von oben neder als sie phlelen [!] ᶜᶻᵘ tuen / |Recht zam der twerhaw auch das selbe bricht / als vor ist geschreben / |Vnd wer mit durchwechsel drewt / der wirt mit dem schilhaw beschemet / |Vnd eyner sal wol schilhawen vnd lank genuk / vnd den ort vaste schissen / |anders her wirt gehindert / mit / durchwechsel / |Vnd / eyner sal / wol schiln mit dem orte / |czu dem halse kunlich ane vorchte / |Vnd

Gloss. Here notice and remember that the **glancing cut** comes down from your right side with the back edge. It goes to the left side, **aslant** or askew, while stepping out to the right side with turned sword and overturned hand.

This same cut counters everything that a **buffalo** (that is, a peasant) will cut down from above, as they often do, and also counters the same as the **crosswise cut** (as was described previously).

Whoever threatens to **change through** will be put to shame by the **glancing cut**. But see that you **glance** well and long enough, and shoot the point firmly, otherwise you will be hindered by his **changing through**.

And **glance** with your point toward his throat without fear.

And…[47]

---

[47] Text ends here abruptly.

[29ʳ] (Blank)

Wen man von scheiden fecht zucken sicht
von in beyden do saltu sterken vnd
dy schwete eben mete mercken vor noch dy
zwey dink pruff vnd in lere abe strich
soltu allen treffen den starcken wiltu effen
wert heisschuckt sich wert her so zu zu im
ken Dy winden vnd hengen lere kunstlichen
dar brengen vnd pruff dy fert ab sy sint
weich aber herte Ab her deine stark bricht
So bistu kunstlich bericht vnd treffet weite
ader lenge an das schiessen gesigt im an
Mit seynem slaen harte schutzt her sich treff
ane forchte halb dreyn vnd hut das haupt
the hey tref ader la varn halb nicht krum
ware zondel setzs der blössen warte zu tri
fest ader delest so trachte das du der blösse
remest mit beiden henden zu ern vnd ele
brengen focht ir in eyner vnd allemal dem
vorslam gewynne her treffe ader ele mit d
nochslare zu haut reme In beyden seyten
der rechten schreit im schricte so mackstu un
gewynne fechtens ader ringens beginnen

[29ᵛ] **W**O man von scheid*en* /	*When you see that, from scabbards,*
sw*er*t czucken siet von in beiden /	*Swords are being drawn,*
|Do sal ma*n* sterken /	*Steady yourself therein,*
vnd dy schrete eb*en* mete merken /	*And truly remember your steps.*
|<u>Vor</u> · <u>noch</u> · dy czwey dink /	*Before and After: these two things*
prüfe / vnd m*it* lere abe sprink /	*Explore, and also learn to leap away.*
·|Volge allen treffen /	Pursue in all encounters
den starken / wiltu sy effen /	If you wish to dupe the strong.
·|Wert her ˢᵒ czucke /	*If he defends, then pull back and thrust.*
stich / wert her / io czu ym rücke /	*If he defends, move into him.*
|Dy winden / vnd hengen /	The winding and the hanging,
lere ku*n*stlichen dar brengen /	Learn to artfully bring forth.
|Vnd prüfe dy ferte /	And probe his intentions
ab sy sint weich aber herte /	Test if he is Hard or Soft.
|Ab her den*ne* stark vicht	*If he fights with strength*
zo bistu ku*n*stlich bericht /	*Then be artfully prepared,*
|Vnd greiffet /ʰᵉʳ weite ader lenge an /	*And if he attacks wide or long,*
|das schissen gesigt im an /	*Shooting in defeats him.*
|Mit synem slaen / harte	*If, with Hard strikes,*
schützt her sich · triff ane forchte /	*He covers himself, strike without fear.*
|Haw dreyn vnd hurt dar |/	*Cut here and step there;*
rawsche hin / trif ader la varn /	*Charge in, then hit or move on.*
|Haw nicht czum sw*er*te /	Do not cut toward his sword,
zonder stetzs der blössen warte /	But rather seek his exposures.
|Du treffest ader velest /	Whether you hit or you miss,
zo trachte das du der blössen remest /	Always target his exposures.
|Mit beiden henden /	*With both hands*
czu*n* og*en* ort lere bre*n*gen /	*Learn to bring your point to his eyes*
|fficht io m*it* syn*n*en /	Fence with good sense,
|vnd allemal den vorslag gewyn*ne* /	And always win the Leading Strike;
|her treffe ader vele /	Whether you hit or miss,
mit dem nochslage czu hant reme /	Strike immediately at his exposure with the Following Strike.
|Czu beiden seiten /	And also step always
czu der rechten / ~~seite~~ ʰᵃⁿᵗ im schreite /	Toward the right-hand side with it,
|So magstu mit gewyn*ne* /	So you may begin
fechtens ader ringens begynnen /	Fencing or wrestling with advantage.[48]

---

[48] At first glance, this appears to be a poem of the author's own devising, but many of the verses are based on couplets from Liechtenauer's Recital (the ones written in red ink); the couplets in red italics are based on those of the Recital on armored fencing. The lines in black text are original, but several of them appear elsewhere in this gloss and only three couplets are completely unique.

This is a fine example of the Medieval practice of using the text of a mnemonic (like the Recital) to teach different, distinct lessons, through paraphrase and reorganization. Here, he seems to have stitched together fragments from those sources in order to present a new teaching: a general lesson on fencing from the draw.

Because the verses are rarely in their exact normal form, the rhyming translation has not been used and instead they are translated more literally.

This is about the part cut, etc.

63 Strike from your part
 And threaten his face with art.
64 When it turns it will set
 On his chest with great threat.
65 What the parter brings forth,
 The crown drives it off,
66 So slice through the crown,
 And you break it well down.
67 Press the sweeping attacks,
 With a slice and pull back.
xxv The part cut I prize,
 If it doesn't come too lazily.

[30ʳ] Das ist von deme scheitelhawe etc ~

63 DEr scheitelere ·
 deyn antlitz ist ym gefere /
64 |Mit seinem karen ·
 der broste vaste gewaren
65 ¶| |Was von ym kümet ·
 dy crone das abe nymmet
66 ¶| |Sneyt durch dy krone ·
 zo brichstu sie harte schone /
67 ·|Dy striche drücke ·
 mit sneten sie abe rücke /
xxv |Den scheitelhaw ich preize /
 kümpt her dar / nicht czu leize /

Das ist von deme scheitelhalwe

Eyn scheitelere, deyn antlitz ist ym
gefere, mit seinem hawen, der brosten
baste gewarey, was von ym kumet
dy crone das abe nymmet, hewst durch
dy crone, so brich stu sie harte schone
dy striche drucke, mit zucken sie abe
rucke, wen scheitelhalw ich preiße, heupt
her dar, nicht zu leize

[30ᵛ] (Blank)

[31r] (Blank)

[31ᵛ] (Blank)

*Liechtenauer holds **four lairs** only, because they proceed from the upper and lower hangers and you can surely bring techniques from them.*

This is about the four lairs, etc.

68   Lie in four lairs,
        And the others forswear.
69   Ox and plow, and the fool too,
        And the day should not be unknown to you.

Gloss. Here he names the **four lairs** or four guards. There is little is to say about them; primarily, that you shouldn't lie in them for too long. This is why Liechtenauer has a particular proverb, "Whoever lies still, he is dead; whoever moves, he yet lives".[49] This applies to the **lairs**, that you should rouse yourself with techniques rather than wait in the guards and in this way miss your chance.

The first guard, the **plow**, is when you lay your point on the ground, in front of you or at your side. After **setting off**, this is also called the **barrier guard** or the **iron gate**.

The second guard, the **ox**, is the upper hanger from the shoulder.

xxvi   The fool always counters
         What the man cuts or thrusts
xxvii   With hangers, sweeps,
         Pursuit, and simultaneous parries.

The third guard, the **fool**, is the lower hanger. With it, you can counter all cuts and thrusts well.

The fourth guard, from **the day**, is also the **long point**. Whoever leads it well with extended arms cannot be hit easily with cutting nor thrusting. It can also be called "the hanger above the head".

Also understand that you counter all the **lairs** and guards with cutting, so that as you cut boldly toward someone, he must flinch and cover himself. This is why Liechtenauer doesn't say much about the **lairs** or guards, but rather maintains that you should be concerned with winning the Leading Strike before your opponent can (*as you are able*).

[32ʳ] ¶ |lichtnawer helt nur eczwas von den vier leger dorvmme das sy aus den ober vnd vnder hengen gehen doraus man schire mag gefechte brengen etc

Das ist von den vier leger / etc ~

68   VIer leger alleyne ·
        do von halt vnd flewg dy gemeyne /
69 |Ochse · |pflug · |alber ·/·
        |vom tage nicht sy dir ümmer

¶ **Glosa etc** ¶| |Hie nent her vier leger ader vier huten / |do von etzwas czu halden ist / |Doch vor allen sachen / |zo sal eyn man io nicht czu / |lange dorynne legen / Wenn lichtnawer hat eyn sölch sprichwort / |wer do leit der ist tot / |wer sich rüret der lebt noch / |vnd das get of dy leger |das sich eyn man sal liber ruren mit gefechten denn das her / der huten wart / mit dem her vorsloffen möcht dy schancze

¶ |Dy erste hute / pflug is / dy / wenn eyner den ort vor sich of dy erde legt |ader czu der seiten / noch dem abesetzen / |das heyssen ander / dy schranckhute / |ader dy pforte

¶ |Dy ander hute ochse / ist das oberhengen / von der achsel

xxvi   ¶| |Alber io bricht ·
         was man hewt ader sticht /
xxvii |Mit hengen streiche ·
         nochreizen setze gleiche / ·

· |Dy dritte hute / alber / ist das vnderhengen / mit der man alle hewen vnd stiche / bricht / |wer dy recht füret/

· |Dy vierde hute / vom tage / ist der lange ort / |wer den wol furet mit gestragtem armen / |den mag man ⁿⁱᶜʰᵗ mit hewen / noch mit stichen wol treffen / |Is mag auch wol heissen / das hengen ober dem hawpte

¶| |Auch wisse / das man alle leger vnd huten bricht mit hewen / mit deme / daz man eyme kunlich czu hewt / zo mus io ᵉʸⁿᵉʳ of varn vnd sich schutzen / |Dorüm helt lichtnawer nicht vil von den legern ader huten / zunder her schaft liber daz sich eyner besorge vor im / mit dem das her den vorslag gewint / <u>ut potuit</u>

---

[49] This proverb doesn't come from the Recital and doesn't appear in any other source in the Liechtenauer tradition.

lichnaw~ hel{t} mit etwas tzu dy hut was
dornn~ das ist aus dy ober vnd vnder hinge gesatzt
dorans mã schu~ mag 15 fechte~ bricht 2c

Das ist von dy vier leger | 2c

Vier leger alleyne do von halt vnd
fleuch dy gemeyne | ochse pflug
alber von tage nicht sy dir vn~mer |

¶ Glosa | Hie nent her vier leger ader
vier hute do do etwas tzu halde~ ist | Doch
vor allen sache~ so sal ey~ mã io nicht sey~
tage dorynne lege~ | wen lichtnaw hat eyn solch
sprichtwort wer do leit der ist tot wer sich
ruret der lebt noch vnd das get of dy leger
das sich ey~ mã sal liber rure~ mit gefechte~
den das hel{t} dey hute wart mit dem her vor
losse~ morcht dy schantze | Dy erste hute
pflug is dy we eyn~ de ort vor sich of dy erde leit
ader tzu der seyte~ noch dem abesetze das heysse~
auch dy schrãksh~ute ader dy pforte | Dy ander hute
ochse ist das oberhenge vor der achsel

¶ Aber so bricht~ was man helut ader sticht
mit heuge~ streiche noch tzey~ setze gleiche
dy dritte hute aber ist das v~ndehenge mit
der mã alle helbe vnd stiche bricht wer dy
recht furt

Dy vierde hute von tage ist der lange ort wel
ch~ dey wol furet mit geh~trakten arme~ deyn mag
mã mit helwe~ noch mit stich~ wol treffe~ sie mag
auch wol heysse~ das henge vber dem heupte

¶ Auch wisse das man alle leger vnd
hute bricht mit helwe~ mit dem das mã eym~
eym~ kulich an helut | so mus io of dar~
vnd noch schutze | So dey gelt lichtnaw nicht
vil von den legern ader hute~ zu der her~
schaft lib das sich ey~ besorge vor im sunt
dern das her dey vorslag gewin~ $

wer wol vorsetzt / der vechter vil helbe letzet
wey yn dy hengen / tuschn mt vorsetze behende

Das ist von vier vorsetzen / ~

Vier sint vorsetzen / dy dy leger auch
sere letzen · Vorsetzen hut dich · ge-
schict das auch sere nut dich / Ab du
vorsatzt ist / vnd wy das dar komen
ist / hoir was ich rate · streich abe
halp snel nicte drate // Setzt an vier
enden · bleib droffe her wiltu enden //

Glosa · Hie merke das vier vor-
setzen sint zu beiden seiten / zu itlichn
seiten eyn obers vnd eyn vnders / vnd
dy letze aber brechn alle gute ader
leger / vnd wy du von obn ader von vnd-
eyme / hewe stiche ader suche mit deyme
swerte abeleitest aber abweisest / das mag wol
heissen vorsetze / vnd ab du vorsatz bist
wy das dar kupt / so helwch vislich abe
vnd halp snelle nicte an in eyme hute
ist deme das du eyme vorsetzt ader abe-
wendest eyn haw ader stich / so saltu zu
hant zu trete vnd nochvolgen am swte
das du ien icht abcgihst / vnd salt deme
tue was du magst / wy leichste du dich
last vnd zumest so wunestu schaden
Auch saltu wol wete / vnd allemal dy
kran ort key eyn brust / so muss er sich besorgen
auch sal er mynd(er) fechter · wol kome eyne
an das swert kome · kome · vnd das mag h(er)
wol tue mit den vorsetze · wey dy kome aus
den vier helbe so itlicher seite es ob halb
vnd es vnderhalb · vnd gen yn dy vier henge
ne · als bald als eyn vorsetzt so vnde salh he
obn / so sal her yn hart yn dy hengen komen
vnd also her mt den horen swiden alle helbe
vnd stiche abereist · als ist es mt den vorsetzen

[32ᵛ] Das ist von vier vorsetczen / etc etc

70	VIer sint vorsetczen · / dy dy leger auch sere letczen
71	¶ |Vorsetczen hüt dich · / geschiet das auch sere müt dich /
72	|Ab dir vorsatzt ist · / vnd wy das dar komen ist /
73	|Höre was ich rate · / streich abe · haw snel mete drate /
74	|Setzt an vier enden · / bleib droffe kere wiltu enden
xxviii	# {|wer wol vorsetczit / de[s?] vechte[n?] vil hewe letczit /
xxix	|wen yn dy hengen / kumpstu mit vorsetczen behende /}

¶ Glosa /:· ¶ |Hie merke / das vier vorsetczen sint / czu beiden / seiten / czu itlicher seiten / eyn obers / vnd eyns ünders / |vnd dy letczen ader brechen / alle ⁵⁰huten ader leger / |vnd wy du von oben / ader von vnden / eyme / hewe stiche ader snete / mit deyme swerte abeleitest / ader abweisest / |das mag wol heissen vorsetczen / |Vnd ab dir vorsatz wirt wy das dar kumpt / |zo czewch rislich abe · vnd haw snelle mete czu / yn eyme hurte /

|Ist denne das du eyme vorsetzt / ader abewendest eyn haw ader stich / zo saltu / czu hant czu treten vnd nochvolgen am swerte das dir iener icht abeczihe / |vnd salt denne tuen was du magst / |wy leichte du dich last vnd zümest |zo nymmestu schaden / |Auch saltu wol wenden / vnd allemal deyn ort keyns eyns brust ᵏᵉʳᵉⁿ / zo mus her sich besorgen

¶ |Auch sal eyn guter fechter / |wol lernen / eyme an das swert komen ~~komen~~ / |vnd das mag / her wol tuen / mit den vorsetczen / |wen dy komen aus den vier hewen / von itzlicher seiten / eyn öberhaw vnd eyn ünderhaw / vnd gen yn dy vier hengen |wenn als bald als eyner vorsetzt von vnden / ader von oben / |zo sal her czu hant yn dy hengen komen · |Vnd als her mit der vördem sneiden / alle hewe vnd stiche / abewendet / |als ist es mit den vorsetczen /

This is about the four parries, etc., etc.

70	The parries are four, / They leave lairs well sored.
71	Of parrying, beware: / You should not be caught there.
72	If parrying befalls you, / As it can happen to do,
73	Hear now what I say: / Wrench off, slice away!
74	Set upon to four extents; / Stay thereon if you want to end.
xxviii	# {Many strikes you'll hurt and harry / If you fence with proper parries,[51]
xxix	Because when you parry, / You come swiftly into the hangers.}

Gloss. Here remember that there are **four parries** to both sides, one upper and one lower to each side, and they counter or disrupt all **lairs** and guards. Any way that you divert or deflect someone's cut, thrust, or slice with your sword, from above or from below, could well be called **parrying**.

If you're the one **parried**, however that happens, swiftly pull back and cut again in a single advance.

If you **parry** or turn away someone's cut or thrust, immediately step in and follow through on his sword so that he cannot pull back. Then do whatever you can, but if you hesitate and delay, it will be harmful to you.

Also wind well and always turn your point against his chest so that he must constantly worry about it.

Learn to come onto the sword of your opponent, which you can do well with these **parries**, because they come from the four cuts (one over and one under each side) and become the **four hangers**. As soon as you parry above or below, you should immediately arrive in the hangers.

Just as you turn away all cuts and thrusts with the front edge, it's the same with **parrying**.

---

[50] Illegible deleted character.

[51] This verse is phrased similarly to 43.

This is about pursuit, etc., etc.

75	Learn the twofold pursuit, And the guard, to slice through.
76	The ways to lead out are double, From there work and struggle.
77	And determine what he seeks, Hard or Soft in his techniques.
78	Learn to feel with discipline; The word that cuts deepest is 'Within'.
79	Learn the pursuit twice, If it touches, make a good old slice.
xxx	*In whatever way you've bound,* *All the strong you will confound.*[52]
xviii	In every lesson, Turn your point against his face.
xxxi	Pursue with your entire body So that your point stays on.
xxxii	Also learn to swiftly wrench, So you may end well.

[33ʳ] Das ist von nochreisen etc etc

75	NOchreisen lere · czwefach ſ ader sneit in dy were /
76	|Czwey ewsere mynne · der erbeit dornoch begynne /
77	|Vnd prüff dy ferte · ab sye sint weich ader herte /
78	|Das fülen lere · Indes · das wort sneidet sere /
79	|Reisen czwefache · den alden snet mete mache /
xxx	|Volge allen treffen · den starken wiltu sy effen /
xviii	|In aller lere / den ort keyn eyns gesichte kere /
xxxi	|Mit ganczem leibe / nochreize / deyn ort io da pleibe /
xxxii	|lere auch behende / reizen / zo magstu wol enden

---

[52] This verse is phrased similarly to both 35 and 90.

Das ist von nochreisen rete etc.

Nochreisen lere / glue sach / ader sneit
In dy were / Glwey clostere nyme / der
arbeit dornoch begynne / vnd pruff dy
harte / ab sie sint weich ader herte / Das
fules lere / Judes / das wort sneidet sere /
reisen glue sache / den alden snet mete mache /
volge alley treffen / den starken vchten sy essen /
In aller lere / den ort keh eyn gesichte kere /
mit gantzem leibe nochreize / deyn ort io da pleibe /
lere auch behende / reize / zo magstu wol enden

Das ist von öberlaufen // ffechter sich zu

Wer vnden remet öberlauf den der
wirt beschemet / wen is klitzt oben
so sterke das ger ich loben / keyn erbeit
mache / aber herte drücke gwefurte /
wer dich drukt neder / öberlauf in slach sere
weder / Von beiden seite öberlauf vnd mer-
ke dy sneiden //

[33ᵛ]	**Das ist von öberlawfen · ffechter sich czu /**		**This is about crossing over. Fencer, notice it.**
80	WEr vnden remet · öberlawf den / der wirt beschemet /	80	Whoever aims to take it below, By the crossing over, their folly show.
81	|Wen is klitzt oben · so sterke das ger ich loben /	81	When it clashes above, Remain Strong, that I will love.
82	|Deyn erbeit mache · ader herte drücke czwefache /	82	See your work be done, Or press doubly hard upon.
xxxiii	·|Wer dich drükt neder · öberlawf in · slach sere weder /	xxxiii	Whoever presses you down, Cross over him and strike sharply again.
xxxiv	|Von beiden seiten · öberlawf vnd merke dy sneiden /	xxxiv	From both sides cross over, And remember the slices.

This is about setting off. Learn this well.

83 The setting off, learn to do,
That cuts and thrusts be ruined before you.
84 Whoever makes a thrust at you,
Your point meets his and breaks it through.
85 From the right and from the left,
Always meet him if you'll step.
xviii In every lesson,
Turn your point against his face.

[34ʳ] Das ist von abesetczen / das lere wol ~

83 LEre abesetczen ·
hewe stiche kü*n*stlichen letczen /
84 |Wer auf dich sticht ·
dyn ort trift vnd seynen bricht /
85 |Von payden seyten ·
trif allemal wiltu schreiten /
xviii |In aller lere /
dey*n* ort key*n* ey*n*s gesichte kere /

Das ist von absetzen / das lere wol

Die absetzen / helve stiche kunstlichen
setzen / wer auf dich sticht / dyn ort
trift und seynen bricht / von payden
seyten / trif allemal wiltu schreiten
sy aller dyng / dey ort key eys geschicht lere

✠ Wen du durchwechselst hast / slach stich / ader
halt nicht zu lange du durchwechselst do mitte   sucht
                                                 wart

Das ist vom durchwechsel   ✠

Durchwechsel lere · von payden seyten
stich mete sere / wer auf dich bindet
durchwechsel In sere in der // Glose
hie merke das durchwechsel gar gerade
gehet zu beiden seiten von oben neder und
von unden off wer is anders ritterlich treibet
wiltu nu zu der rechten hant von oben
neder durchwechseln · so halt eyn ober
halt gleich zu im / also das dein ort
sthust ym zu seyner lincken seiten
ober dem gehiltze yn / also das du das
selbe loch und fenster keyn / so gerade
treffest zwischen des sweids und deme
gehiltze trifts du so hastu geseczt gesigt
wert her du das mit deme ding her dein
ort abeweist und druckt mit seyme swerte
so la den ort sincken von der selben seiten
under seyme swerte her ein zu der anderen
seiten nicht weit um zonder unden an
sym swerte, so du weste magst und da far
ym dar ritterlich ober dem gehilge yn
mit eyme guten volkomen stiche und wen
du filest das du tirfts so volge wol noch
vnd alz du vo eyner seite tust sinde als oben
so tu so der ander und dem wer mit dir an
bindet / so zu losche an sym swerte hin keyn
der seyner blöße mit dem orte / so durchwech-
sel also vor ader arund und fule seyn ge
ferte ab is sey weich ader herte dornoch
stich hewe stich ader suche ley die blößen

[34ᵛ] Das ist vom durchwechsel / etc etc

86	DVrchwechsel lere · von payden seyten stich mete sere /
87	Wer auf dich bindet · durchwechsel in schire vindet /
xxxv	† {|Wen du durchwechselt hast / slach · stich · ader winde \ ₙᵢcht laz
xxxvi	|Haw nicht czum swerte / durchwechsel · do mete ₓₐᵣₜₑ}

¶ **Glosa** /:· ¶| |Hie merke / das durchwechsel gar gerade czugehet / czu beiden seiten / von oben neder / vnd von vnden of / wer is anders rischlich treibet / · |Wiltu nu / czu der rechten hant / von oben neder durchwechseln / |zo haw eyn öberhaw gleich czu ym / alzo das du dynen ort schüst / ym czu seyner linken seiten öber dem gehilcze yn / alzo das du das selbe löchel vnd fensterleyn / io gerade treffest / czwischen der sneiden vnd deme gehilcze / triftz du / zo hastu ~~geseget~~ / gesigt / · |wert her dir das / mit deme das her dyn ort abe/weist vnd ʰⁱⁿ drückt / mit seyme swerte / |So la dyn ort sinken von der selben seiten vnder seyme swerte herüm / czu der andern seiten / nicht weit üm / zonder vnden an sym swerte / zo du neste magst / |vnd da var ym gar rischlich / öber dem gehilcze yn / mit eyme guten volkomen stiche / |vnd wen du fülest das du trifts / zo volge wol noch |Vnd alz du von eyner seiten tust / vnden ader oben / zo tu von der andern

¶| |Vnd wer mit dir anbindet / zo rawsche an sym swerte hin keyn seyner blöße / mit dym orte / ʷᵉʳᵗ ʰᵉʳ zo durchwechsel / also vor / |ader wind vnd füle sein geferte / ab is sey weich ader herte / |dornoch süch hewe stiche / ader snete / keyn den blößen /

This is about changing through, etc., etc.

86	Learn to change through, And cruelly thrust on both sides too.
87	All of those who seek the bind, Changing through will surely find.
xxxv	† {When you have changed through, strike, thrust, or wind, be not lax.
xxxvi	Do not cut toward his sword, change through and seek with that.}

Gloss. Here remember that the **changing through** goes directly to both sides (down from above and up from below) if you otherwise do it quickly.

If you want to **change through** from your right side (down from above), then hew from above directly toward him so that you shoot your point toward his left side, above his hilt, and aim for the little gap or window between his edge and his hilt. If you hit, you have won.

If he defends against this by turning aside your point and pressing it away with his sword, then let your point sink down under his sword, from that side around to the other. This shouldn't go widely around, but as closely as possible below his sword so that you can then drive in swiftly over his hilt with a good thrust. When you feel it land, follow through well.

As you do on one side, from above and from below, do the same from the other side.

Also, when someone binds with you, charge forward on his sword with your point toward his exposure. If he defends, **change through** as before, or wind and feel whether his intention is Hard or Soft. Thereafter, seek his exposures with cutting, thrusting, or slicing.

This is about pulling back. Fencer, remember.

88	Step up close into the bind,
	Pull back, and what you seek you'll find.
89	Pull back, and if he meets, pull more,
	Work and find what makes him sore.
90	Pull back whenever you are bound,
	And many masters you'll confound.
xxxvii	Pull back from the sword
	And carefully consider your way.

[35ʳ] Das ist vom Czücken / Fechter merke /

88	TRit nü in bünde ·
	das czücken gibt gute fünde /
89	|Czük / trift her / czucke/me ·
	erbeit her / wind / das tut im we /
90	|Czük alle treffen ·
	den meisten wiltu sye effen /
xxxvii	·|Czuk/ab vom swerte ·
	vnd gedenke io deyner ferte / ~~durchlawf~~ /

Das ist vom Zucken / ffecht merke /

Tzeit nů in Bünde das zucken gibt
gute fünde / Zuk / trift her / zuk kome /
erbeit her / wind / das tut hm weh / Zuk
alle treffen den meistn wiltu sye effen /
Zuk ab vom swerte / vnd gedenk io do mete /
fare / Durchlauf /

Das ist von durchlauffen / mit hant
Durchlawff loz hangen mit dem knauff
greiff wiltu ringen / wer kegen der
sterke / durchlawff do mete merke
durchlawff und stoß vorkere greifft wer
noch dem kloß /

[35ᵛ]	**Das ist von durchlawfen / nü sich**		**This is about running through, notice now.**
91	DVrchlawf loz hangen · mit dem knawf / greif wiltu rangen ·	91	Run through, hang it to the floor By the pommel, then bring grips for sure.
92	|Wer kegen der sterke · durchlawfir do mete merke /	92	For those who strongly approach you, Do remember the running through.
xxxviii	|Durchlawf / vnd stos · vorkere / greift her noch dem klos /	xxxviii	Run through and shove. Invert if he grabs for the hilt.

	This is about slicing off, etc., etc.		**[36ʳ] Das ist von abesneiden etc etc ~**	

93	When it's firm, slice away, From below, you slice both ways.		93	SNeit abe dy herten · von vnden in beiden ferten /
94	And the slices, they number four, Two below; above, two more.		94	|Vier sint der snete · czwene vnden · czwene oben mete /
xxxix	Slice whoever will cross you, To eagerly avoid injury.		xxxix	|Czwir wer wol sneidet · den schaden her gerne meidet /
xl	Do not slice in fright, First consider wrenching.		xl	|Sneit nicht in vreize · betrachten io vor dy reize /
xli	You can slice well in any crossing, If you omit the wrenching.		xli	|du magst wol sneiden · alle krewtz / nür reisen vormeiden /
xlii	If you wish to remain unharmed, Then don't move with the slicing.		xlii	|wiltu ane schaden bleiben / zo bis nicht gee mit dem / sneiden

Das ist von abesneiden rosen

Sneit abe dy herten von unden uff beiden
herten/ vier sint der snete/ zwene di
den halbe obey mete/ / wir wer wol sust
det den schaden her gue meidet / sneit nicht
in dreize ken nchte so vor dy reize du macht
wol sneiden alle krefute nur reizen vormeidest /
wiltu ane stat bleibe so bis nicht gee in Absinthe

Das ist von hende drucken etc.

Eyn snede wende zum flechen dru-
cke dy hende / eyn ander ist wenden
eyns winden / das dritte hengen / wiltu mach[en]
hordruszen / dy fechter zo drucke mit stoszen
aber ansliszende helve / helvet man snede behe[...]
[...]elvet geh dy snete / obe aus ober dy helvpte
aver hed drückt / ane schade vor figur etc. [...]

Auch wisse / als bald / als du mit dem swert [...]
[...]eyner hat ader stich abe wedest / zo saltu [...]
zu tret / vnd rischlich den varn zu eyn[...]
leuchte du dich lost vnd zumest zo ryst du scha[...]
auch merke vnd wisse das man mit der vor-
deren sneiden des swertes vom mittel der selbe[n]
sneiden bis zu deme gehiltze alle helve o[der]
stiche abewendet vnd e nehher eyme eyn ha[...]
ader stich zu syme gehiltze kupt ap der sel-
ben sneiden mit deme als im geweydet ha[t]
dy selbe vorder sneide e bas vnd e krefftiger
heu dy selben helve ader stiche abewenden
mag keyne eneher zum gehiltze e ster-
ker vnd emechtiger vnd e nehher zum orte [...]
[...]wescher e swecher vnd e kreuchter Dorvm[b]
wer eyn guter fechter wil seyn der sal vor
allen dingen lernen wol abewenden / wen
mit dem das her wol abewendet kupt he
zu hant yn dy winden aus den her wol
kupt Vnd hobstheit mag treibe des gefechtes
[...]y vorder sneyde ist vorder hoft dy hinter sneide
vnd alle helve ad[er] stiche sint vortreiben ut e k[...]

[36ᵛ] Das ist von hende drücken/ etc etc | This is about pressing the hands, etc., etc.

95	DEyn sneide wende · / czum flechen drücke dy hende /	95	Turn your edge just like that, Press his hands onto the flat.
xliii	|Eyn anders / ist |wenden · / eyns |winden · das dritten |hengen /	xliii	One thing is turning, Another is twisting, the third is hanging.
xliv	|Wiltu machen vordrossen · / dy vechter / zo drucke mit stössen /	xliv	If you want to make fencers despair, Then always press while shoving.
xlv	·|Ober dy hende / ~~hewstu~~ |hewet man snete behende /	xlv	Over his hands, Cut and slice swiftly.
xlvi	|Czewch och dyn snete · |oben aus öber dem hewpte /	xlvi	Also draw the slices Above, over his head.
xlvii	·|Wer hende drückit / ane schaden / vor finger czückit /	xlvii	Whoever presses the hands Pulls his fingers back without injury.

¶\| \|Auch wisse / als bald / als du mit dem wenden / eyme eyn haw ader stich / abe wendest / \|zo saltu czu hant czu treten / \|vnd rischlich dar varn czu eyme / \|wy leichte du dich last vnd zümest / \|zo nymstu schaden

Know that as soon as you turn away his cut or thrust with your edge, you should immediately step in and drive quickly toward him. If you wait and delay, you will suffer injury.[53]

¶\| \|Auch merke vnd wisse / \|das man mit der vördern sneiden des swertes / vom mittel der selben sneiden / bis czu deme gehilcze / alle hewe ader stiche abewendet / \|Vnd · e · neher eyme / eyn haw ader stich czu syme gehilcze kumpt / of der selben sneiden / mit deme als ʰᵉʳ im gewendet hat dy selbe vörder sneide / · e · bas / vnd · e · kreftiger / her dy selben hewe ader stiche / abewenden mag / \|Wenne · e · neher czum gehilcze · e · sterker vnd · e · mechtiger / \|Vnd · e · neher / czum orte / · ~~e · quesw~~ [?] · e · swecher vnd · e · krenkher / \|Dorüm wer eyn guter fechter wil seyn / der sal vör allen dingen lernen wol abewenden / \|Wen mit dem das her wol abewendet kumpt her czu hant yn dy winden / aus den her wol kunst vnd höbscheit mag treiben dez gefechtez /

Also notice and remember that you turn away all cuts and thrusts with the forward edge of your sword, from the middle of the edge to the hilt. As soon as you have turned your forward edge into it, then the closer a cut or thrust comes to your hilt, the better and more powerfully you can turn away these cuts or thrusts: the closer to the hilt, the stronger and mightier, and the closer to the point, the weaker and feebler.

Therefore, if you want to be a good fencer, learn above all other things to turn away well, so that as you do so, you come immediately to the winds, from which you can perform the entire art and beauty of fencing.

¶\| \|Dy vörder sneyde / am swerte · \|heist dy rechte sneide / \|vnd alle hewe ader stiche sint vortorben mit dem wenden

The forward edge of the sword is called the true edge, and all cuts and thrusts are spoiled by its turning.

---

[53] The gap between the verse and the gloss here, along with the lack of a "gloss" label (which is present in every other section), makes it questionable whether this text is intended to gloss the verses on hand pressing or to be a separate teaching.

This is about hanging. Fencer, learn this, etc.

96	There are the two ways to hang: From the ground, from your hand.
97	In every attack, whether cut or a thrust, The Hard and the Soft lies within, you can trust.
98	In the window freely stand, Watch his manner close at hand.
99	Whoever pulls back, Strike in with a snap.
100	Now do not forget No one defends without a threat.
101	And if this is well-known, Rarely will he come to blows.
xlviii	As you remain, On the sword, then also make
xlix	Cuts, thrusts, or slices. Remember to feel into it
l	Without any preference. Also do not flee from the sword
li	Because masterful fencing Is rightly at the sword.
lii	Whoever binds on you, The war wrestles with him severely.
liii	The noble winding Can also surely find him.
liv	With cutting, with thrusting, And with slicing you surely find him.
[32]	Howsoever you will wind, Cut, thrust, slice you seek to find.
lv	And the noble hanging Should not be without the winding.
lvi	Because from the hangers You bring forth the winding.

Gloss. Here notice and remember that there are **two hangers** from each side, one over and one underneath. With them, you can come onto your opponent's sword well, † {because they come from high and low cuts}.

If it happens that you bind with someone, or otherwise come onto his sword, then remain on his sword and wind, and stay with him on the sword like that,

[37ʳ] Das ist von hengen / ffecht° daz lere / etc

96	Czwey hengen werden · aus eyner hant von der erden /
97	|In allen / ᵍeferten / |hewe · |stiche · |leger · |weich ader |herte /
98	|Sprechfenster mache · stant frölich sich syne sache / ~~Seh~~ /
99	|Slach · das her snabe · wer vor dir zich czewt abe /
100	|Ich sage vor ware / sich schützt keyn man ane vare /
101	|Hastu vornome*n* · czu slage mag her kleyne komen /
xlviii	|Is das du bleibest · am swerte da mete auch treibest /
xlix	|Hewe |stiche ader |snete · das |fülen merke mete /
l	|An alles vore~~zh~~czihen · vom swerte du /⁄ ᵃᵘᶜʰ nicht salt flien /
li	|wen meister gefechte / ist am swerte von rechte /
lii	|wer an dich bindet · krik mit im sere ringet /
liii	|Das edle winden · kan in auch schire vinden /
liv	|Mit |hewen mit |stichen mit |sneten vindest in werlichen /
[32]	|In allen winden |hewe |stiche |snete saltu vinden /
lv	|Das edle hengen / wil nicht syn an dy winde*n*
lvi	|wen aus den henge*n* · saltu dy wi*n*den bre*n*gen /

¶ **Glosa etc** ¶\| \|Hie merke vnd wisse das czu itzlicher seiten sint czwey hengen · \|Eyn vnderhengen / vnd eyn öbirhengen / mit den du eyme wol an das swert magst komen / † {wen dy kome*n* aus den öber-hewe*n* vnd vnderhewen /} \|Wen das nu geschiet / das du mit eyme an bindest / ader wy du süst mit im an das swert kömps \|zo salt du an dem swerte bleyb*en* ~~vnd salt~~ \|vnd salt winden · \|vnd salt alzo mit im gar

Das ist von hengen / ffecht dy lere

Zwey hengen werden aus eyner hant
von der erden / In allen ferten helwe
stiche leger weich ader herte / Opfech=
fenster mache, stant frolich sich syne
sache / Sch[l]ach das her snabe / wer
vor dir zich gehut abe / Ich sage vor
ware, sich sthutz keyn man ane vare /
Hastu vornome zu slage mag her kley
ne komen / Is das du bleibest, mang sverte
da mete auch treibest / helwe stiche ader
snete, das fulen merke mete / An alles vor=
sich czihen vom sverte du nicht salt flien, such
den meister gefechte ist am sverte von =
rechte wer an dich bindet der kriß mit
im sere rungist / Das edle winden kan m
auch sth ir bindes / Mit helwen mit stichen
mit sleten findest du verlozen / In allen
winden helwe stiche snete saltu finden
Das edle hengen wil nicht syn an dy winden
wey aus den hengen saltu dy winden bregen

Glosa / Hie merke und wisse das czu
itlicher seyten sint zwey hengen. Eyn under
hengen und eyn ober hengen, mit den du eyme
wol an das svert magst komen / Wen das
un geschiet, das du mit eyme an bindest
Ader wy du sist mit im an das svert kompt
so salt du an dem sverte bleyben und salt
und salt winden und salt also mit im ge-

wen dy komet aus den ob hellw und under helwen

frolichen mit gutem mute vnd kunlichen
an alle vorchte an dem swte treten vnd
salt gar ebin sehen merken vnd warten
was her wolle tuen ader was sÿne sache
seÿ der her keÿn dir pflegen wolle vnd als
tretten also an deme swerte das heisset
fichtnalb eÿn spruch auster vnd wen du
mit im also an dem swte stehst so salt
du gar ebn merken vnd fülen sÿne gefarte
ab sie sint weich aber herte vornost salt
du durch deme richte als vor ofte gespro-
is das her sich vor allen sachen e dene
du noch icht richt begynnest abe gebt von
deme swte so salt du zu hant noch volgen
vnd salt in selben halbe ader stucke was
du aus them eÿn magst dar sie tzen e den
her zu keÿnleÿe dinge komet stekt her
aber mit du an den swte so prufe so vnd
merke ab her sÿ weich aber herte an dem
swte Ist das her ist weich vnd swach so
saltu rischlichen vnd kunlichen vol
vnd dar hurten mit dyner sterke vnd salt
im syn swert hin drÿngen vnd drucken
vnd suche syne blossen tzu koppe ader tzu leibe
wo du im tzu magst komen Ist iener a-
stne herte vnd stark an deme swte vnd
meynt dich vaste hin drÿngen vnd stossen
so saltu den weich vnd swach seyn keyn
syner sterke vnd salt syne sterke vnd
syne drÿngen mit dynem swte entwÿchen

[37ᵛ] frölichen / mit gutem mute / vnd künlichen an alle vorchte · an dem swerte stehen / |Vnd salt gar eben sehen / merken vnd warten was her wolle tuen / |ader was syne sache sey / der her keyn dir pflegen wölle / |Vnd daz stehen / alzo an deme swerte / das heisset lichtnawer eyn sprechvanster · |Vnd wen du nü mit im alzo an dem swerte stehst / |zo salt du gar eben merken vnd fülen syne geferte / ab sie sint weich aber herte / |dornoch salt du dich denne richten als vor ofte gesprochen ist · |Ist / das her sich vör allen sachen / · e · denne du noch ichsicht begynnest / abe czewt von deme swerte / |zo salt du czu hant noch volgen vnd salt in slaen hawen ader stechen was du am schiresten magst dar brengen / · e · den her czu keynerleye dinge kome / † {|wenne du hast io neher czu im mit dem das ᵈᵘ am swerte blibest / |vnd dyn ort keyn im reckest / wenn iener mit syme abe cziehen / |den · e · her sich eyns slags erholt dir dar brengt / |zo var czu hant dar mit dyn orte /} |Bleibt her aber mit dir an dem swerte / |zo prüfe / io vnd merke / ab her sy weich aber herte an dem swerte / |Ist das her ist / weich vnd swach / |zo saltu rischlichen vnd künlichen volvaren vnd dar hurten / mit dyner sterke / |vnd salt / im syn swert hin dringen vnd drücken / |vnd süchen syne bloßen / czu koppe ader czu leibe / wo du nür czu magst komen / |Ist iener a̶e̶r̶ denne herte vnd stark an deme swerte / |vnd meynt dich vaste hin dringen vnd stossen |zo saltu denne weich vnd swach seyn / keyn syner sterke / |vnd salt syner sterke vnd syme dringen mit dynen swerte entwychen /

boldly and in good spirit, without any fear.

Quite precisely wait, watch for, and notice well whatever he wants to do, or whatever he has in mind which he will perform against you. Liechtenauer calls remaining on the sword like this a **speaking window**. As you stay with him on the sword, feel well and notice his intention, whether it be Hard or Soft, and orient yourself accordingly (as it has often been written previously).

If he happens to pull back from your sword before you actually begin, then immediately follow through and send cuts or thrusts at him (whichever you can perform in the surest way, before he comes to anything else); † {since you're closer to him as you remain on his sword, merely extend your point against him. Then when he pulls back, immediately follow him in with your point before he can perform a strike.} But if he remains with you on the sword, then test well and notice whether he's Hard or Soft on your sword.

If he's Soft and Weak, then swiftly and boldly go forth and attack with your Strength, pressing and pushing away his sword. Then seek his exposures, toward his head or body (whatever you can get).

But if he's Hard and Strong on your sword and wants to press and push you aside firmly, then be Soft and Weak against his Strength, and weaken his Strength and his pressure with your sword.

As you weaken and his sword goes aside (as was also written earlier), then before he can recover, seek his exposures with cutting, thrusting, or slicing (however you can get to him in the surest manner), swiftly, rapidly, and boldly (in accordance with the teaching written earlier), so that he cannot cut nor thrust, nor otherwise come to blows.

This is why Liechtenauer says "I say to you honestly, no man covers himself without danger. If you have understood this, he cannot come to blows."[54] By this, he means that no one can protect himself from you without fear or injury, if you act according to the teaching written earlier: if you take and win the Leading Strike, then he must either continually defend himself or let himself be struck.

If you deliver the Leading Strike, whether you land it or not, then quickly deliver a Following Strike in a single advance, before he can come to blows. Indeed, if you want to deliver the Leading Strike, you must also deliver a Following Strike as if in one thought and intention, as though you would deliver them simultaneously if that weren't impossible.

This is what Liechtenauer means by "Before and after, these two things", etc.[55] If you deliver the Leading Strike, whether you land it or not, then also do a Following Strike at once, swiftly and rapidly,

[38ʳ] |vnd yn dem weichen als im syn swert im hin prelt vnd wischt / |als vor auch von deme geschreben ist / |In deme ader dy weile als das im geschit / · e · denne her sichs weder irholen mag / |dar her czu keyme slage ader stiche kome / |Zo saltu selber syner blössen war nemen / mit hewen stichen ader sneten / wo du in am schiresten gehaben magst / noch der vorgeschreben lere / risch / künlich vnd snelle das io iener mit nichte czu slage kome |Dorvm spricht lichtnawer / ich sag vorwar · sich schutzt keyn man ane var / |Hastu vornomen / czu slage mag er kleyne komen / |Do mitt meynt her / |das sich keyner mag ane var ader ane schaden schutczen / |Is das du tust noch der geschreben lere / |Ab du im den vorslag gewynnest vnd tust den mus io iener weren / ader mus sich lasse slaen / wen du denne den vorslag tust / du trefst ader velest / |zo saltu rischlich vnd in eyme rawsche den nochslag tuen / · e · denne iener czu keyme slage kome / |Denne wen du den vorslag wilt tuen / |zo saltu recht / zam yn eyme gedanke vnd mute den nochslag auch tuen / recht zam du sy mit eynander wellest tuen / wenn is möglich were / |Dorvm spricht her · vor · noch · dy cwey dink etc den tust du den vorslag / du treffest / ader velest / zo tu io / in eyme rawsche / risch vnd snelle den nochslag / das iener mit nichte

---

[54] Verses 100-101 (also 40-41).
[55] Verse 17.

vnd yn dem werke als in sin sevt an har
prelt vnd wischt als vor auch so deme ge-
schreby ist / In deme ad' dy weile als das
in geschit / c dem her sich weder in heben
mag dar her zu keyme slage ader stiche
kome / So saltu silber siner blössen war
nemen mit helve stiche ader sucten wo du
in an stnueste gehaby machst noch der
vorgeschreby lere / Ist kuntlich vnd snelle
das iener mit nichte zu slage kome
Do by spricht lichtnaw sich saz vorwar
sich schutzt key man an dar / hastu vor-
nomen zu slage mag her kleyne kome /
So mete meynt her / das sich keyn man
ane dar ader ane schaden schutze / Is
das du tust noch der geschreby lere / Ab
du an den vorslag gewynest vnd tust
key mit zu ieuer were ad' mus sich lasse
slage / wey du deme den vorslag tust du
richst ader velest / So saltu unfuglich vnd
in eyme rawsche den nochslag tue / c dw
iener zu keyme slage kome / wenne wey-
zu den vorslag wilt tue / so saltu noch nicht
in eyme gedanke vnd mut al den nochslag
noch tue / recht zam du sy mit eynander
sollest tue / sve is möglich were / Do by
spricht her / vor noch dy tvey dink zu
key tust du den vorslag du treffest ader
velest / So tu in in eyme rawsche / richst vnd
snelle den nochslag / das iener mit nichte

zu slage kome / vnd also saltu schaffen
das du yn aller sache des fechtens vor
es kommest deme iener / vnd als balde alz
du is kumest deme icz / vnd deyn vorslag
gewinnest so tu zu hat deyn nochslag
wen du salt keyn vorslag tun / du habist
iv deyn nochslag auch mete yn synne
vnd yn mute also dastu vmmer in
motu seist / vnd nit nichten feyerst
ader last / sonder ymerm eyns noch
deyn andir treibst / visch vnd snelle
das iener zu keyne dinge möge kome
vorwar tustu das / so mus her gar eyn
guter zyn der vngeslage bey dir kunnet
wene mit der selbey kunst / ader mit deyn vor
tel das kunst is oft das ey palver ader
eyn vngelarter eyn gute meist slet zu
deme / das her deyn vorslag tuet / vnd
kunlich dar hurt / deyn dey lare ist
das obaretzhÿ das ist des kunst vnd is also
beschennet vnd slet deme eyn der der pflege
war nymet vnd des schutzhes vil schaden
der ist iv in grosser var / deme ich du so
of in slet / vnd deyn vorslag gewynnet / dor
vme schaffe das du yn aller sache des
fechtens der erste bist / vnd iv eyme of dy
rechten / linken seiten kommest / so bist du wol aller
dinge sicher deme ich

[38ᵛ] czu slage kome / |vnd alzo saltu schaffen das du yn allen sachen des fechtens io · e · komest denne iener / |vnd als balde als du / · e · kummest denne iener / vnd den vorslag gewinnest / |zo tu czu hant den nochslag / · |Wen du salt keyn vorslag tuen / |du habst io / den nochslag auch mete ym synne vnd ym mute / also dastu vmmer in motu seist / vnd mit nichte feyerst ader last / |zonder vmmermer eyns noch dem andem treibst · risch · vnd snelle |das iener czu keynen dingen moge komen / · |Vorwar tustu / das / zo mus her gar eyn guter syn der ungeslagen von dir kummet / · |Wenne mit der selben kunst / ader mit dem vorteil ~~das~~ / kumpt is oft / das eyn pawer ader eyn ungelarter eyn guten meister / slet / mit deme · das her den vorslag tuet / vnd künlich dar hurt / |den wy leiche ist das obersehen / |das in/deß trift vnd in alzo beschemet vnd slet / |denne eyner der der slege war nymmet / vnd des schütczens wil warten / |der ist io in grosser var / |denne iener der do of in slet / vnd den vorslag gewynnet / Dorvmme schaffe / das du yn allen sachen des fechtens der erste bist / vnd io eyme of dy ~~linke~~ ʳᵉᶜʰᵗᵉ / seiten komest / |do bist du wol aller dinge sicher denne iener /

so that he cannot come to blows. In this way, you can preempt him at all matters of fencing.

Now, as soon as you get to him first and win the Leading Strike, immediately deliver a Following Strike. Don't deliver the Leading Strike if you don't have an intended Following Strike in mind; be always in motion and never idling nor delaying. Always do one after another, swiftly and rapidly, so that he comes to nothing. If you do this correctly, then anyone who gets away from you without being hit must be very good indeed.

With this art or this advantage, it often happens that a peasant or untrained man beats a good master, because he delivers the Leading Strike and charges in boldly; it may be lightly overlooked, but it hits Within and thus strikes him and puts him to shame. This is because it's more dangerous to wait to defend and receive strikes than to attack and win the Leading Strike. Therefore, arrange to be first in all matters of fencing, and to come well to the right side of your opponent, and then you can be more sure of everything than he.

[39ʳ] (Blank)

199.

Uñ beiden seiten / ler acht wi
den mit schreite / vnd io v[?]
eyne / der wirt vir drey stoͤrke
meyner / So put yr czwenczik / vnd
vier sele sy eyczik / fechter / das
achte / vnd dy winden rechte betrach
te / vnd lere sy wol furen / so magst
du dy vier bloͤssen vinden / wey v[?]
liche bloͤsse / hat sechs innen ge-
wisse /

				[This is about winding][56]
[39ᵛ]				
108	VOn beiden seiten / ler acht winden mit schreiten /		108	On both sides this applies: Learn to step with eight winds.
106	|Vnd io ir eyne / der winden mit dreyn stöcken meyne /		106	And each wind of the blade Into three can be made:
107	|So synt ir czwenczik · vnd vier / czele sy enczik /		107	Twenty-four can be named, Though they're one and the same.
105	|Fechter · das · achte / vnd dy winden rechte betrachte /		105	And eight winds there are, If you rightly regard,
lviii	|Vnd lere sy wol furen / zo magst du dy vier blößen rüren /		lviii	And learn to lead them well, So you may hit the four exposures.
lix	|Wen itzliche blösse / hat sechs ruren gewisse /		lix	Because each exposure Can be hit in six ways.

---

[56] This is the only place in the treatise where verses from the Recital are presented out of order. Furthermore, verses 102-104 are omitted entirely, as is 109 (though 109 is itself a repetition of verse 77). Here is the original sequence:

If you lead well, and counter right,
And finally, it's in your sight,
You must divide things as they are,
Into three wounders, each apart.
Hang the point in true and fair,
Wind your sword then well from there.
And eight winds there are,
If you rightly regard,
And each wind of blade
Into three can be made:
Twenty-four can be named,
Though they're one and the same.
On both sides this applies:
Learn to step with eight winds.
And determine what he seeks,
Hard or Soft in his techniques.

Gloss. Notice here that the winds are the correct art and the foundation of all the fencing with the sword, from which all other techniques and plays come.

It's difficult to be a good fencer without the winds, though certain dancing masters dismiss them and say that what comes from the winds is quite weak, and call it "from the shortened sword", because they are simple and go naively. They mean that techniques from the long sword should be done with extended arms and extended sword, and that they come aggressively and strongly with full strength of body but lacking good stance, and it's terrible to watch when someone stretches himself out as if he were trying to chase a rabbit.

If there were no art then the strong would always win, but this is not the way, neither in winding nor in the art of Liechtenauer, because this art doesn't require great strength.

[40ʳ] ¶ **Glosa /:·** |Hie merke / das dy winden / sint dy rechte kunst / vnd gruntfeste alles fechten / des swertes / |aus den alle ander gefechte vnd stöcke komen / |vnd is mag mülich eyn guter fechter / syn / ane dy winden / |Wy wol etzliche leychmeistere · dy vornichten / |vnd sprechen is sy gar swach was aus den winden kumpt / |vnd nennen is / aus dem korczen swerte / |dorvmbe das sy slecht vnd eynveldik dar gen / |vnd meynen das sy / aus dem langen swerte gefochten / |was dar get / mit gestracken armen / vnd mit gestrakten swerte / |vnd was gar veyntlich vnd stark von allen kreften des leybes dar get / nur durch wol stehens wille / vnd das is grawsam an czu sehen ist / |wenn sich eyner alzo strekt / recht zam her eynen hazen wolle irlawfen / |vnd daz ist alles nicht / weder dy winden vnd weder lichtnawers kunst / |wen do ist keyne sterke weder / |denne worvmme wer anders kunst / solde allemal dy sterke vörczihen /

Glosa Hie merke das dy wind’ sint
dy rechte kunst vnd eyn fecht alles fech-
tens des swertes aus den alle ander gefechte
vnd stöcke kome~ vnd is mag mu°lich
eyn guter fechter syn ane dy wind’ wy
wol etzliche leychmeistere dy vorsmehe~
vnd sprechen is sy gar swach was aus
den winden kumpt vnd nenen is aus
den korcze swerte dorvm~e das sy slecht
vnd eyveldik dar gen vnd meyne~ das
is aus den lange~ swerte gefochte~ was
dar get mit gestrakte arme vnd mit
gestrakter swerte vnd was zu~ deyn-
lich vnd stark von alle krefte des ley-
bes dar get / nur durch evol stehens
wille vnd das is grausam czu zu sehn
ist we sich eyn also strekt recht zam
her eyne hazen wolle irlawfen vnd das
ist alles nicht weder dy winden vnd we
der lichtnales kunst wen do ist keyne
sterke weder kune mo~ne wen anders
kust / solde allemal dy sterke dorgehen

83

[40ᵛ] (Blank)

Note: Here we jump forward fourteen folia to 64r. It's unclear if the author thought of this as part of his gloss or not, but it is an attempt at a summary of the teachings of Liechtenauer, so it seems worthy of inclusion in this book. In between are a treatise by four other masters with some association to Liechtenauer (43ʳ-52ᵛ), and an unglossed rendition of Liechtenauer's Recital on mounted (53ʳ-59ᵛ) and armored fencing (60ʳ-62ʳ).

Here we explore and elaborate the pieces and rules of the unarmored fencing of Master Liechtenauer, using shorter and simpler speech for more and better learning and comprehension. If the rhymes and glosses written earlier were unclear or hard to understand, here it will be recapped with short and simple advice.

First of all, notice and remember that Liechtenauer's fencing relies on five words: 'Before', 'After', 'Strong', 'Weak', and 'Within'. These are the basis, core, and foundation of all fencing. No matter how much you fence, if you lack this foundation, you will often be put to shame despite your art. These words were often explained earlier, as they only signify this: to always be in motion and to not rest or idle, so that your opponent cannot come to blows.

'Before' and 'After' signify the Leading Strike and the Following Strike (as it was often written earlier), and this concerns what's called *principium et finis* (beginning and end). If you're a good, serious fencer, you fence with someone because you want to defeat him with your art and not be defeated yourself, and you cannot do this without the beginning and the end. Thus, if you want to begin well then you should be the one who takes and wins the Leading Strike well, not the one who doesn't, since if you strike at someone,

[64ʳ] HIe vornewt man · vnd vor / |dy stöcke vnd gesetze / des blozfechtens / meister lichtnawers · mit korczer vnd mit slechter rede / durch grösser vnd besser vorstendunge vnd vornemunge wille / |Ab vor ichsicht ist geschreben · in den |Reymen vnd in der glozen / |unbedewtlich vnd vnvornemlich / |das daz mit slechter rede körtzlich werde öberlawfen /

¶| |Czu dem ersten merke vnd wisse / das lichtnawers fechten leit gar an den fünff wörtern · |vor · noch swach · stark · Indes · / |Dy eyn grunt / kern vnd fundament / seyn alles fechtens / |vnd wy vil eyner fechtens kan · |weis her nür des fundamentz nicht / |zo wirt her oft bey seyner kunst beschemet / |vnd dy selben wörter sint vor oft aus gelegt / |wen si nür of das gehen das eyner vmmermer in motu sey |vnd nicht veyer ader lasse · |das iener icht czu slage kome / |wen · vor · noch / bedewten · vorslag · vnd nochslag / |als vor oft ist geschreben / |vnd das gehet of das / daz do heisset / principium vnd finis / anhebunge vnd endunge / |wen eyn ernster guter fechter · |ficht dorüm mit eyme / |das her mit syner kunst eynen wil slaen / |vnd nicht geslagen werden / |vnd das mag her nicht tuen an anhebunge vnd ane endunge / |wil her denne wol anheben / |zo schaffe her das her io den vorslag habe vnd gewinne / |vnd nicht iener / |den eyner der do slet of eynen / |der ist io /

Ie vorrede gar vnd vorandr
weis/ dy stöcke vnd gesetze des
blosfechtens/ meisterlich alus
mit kortzer vnd mit slechter rede
durch grösser vnd besser vorste
ringe vnd vornemunge wille sál
als ich spricht ist geschriben in den reymen
vnd in der glozen/ vnbedewtlich vnd vndor
nemlich/ das dar mit slechter rede kortzlich
alzo ober lawfen.

Zu den ersten merke vnd wisse das bloss
fechten leit gar an den fumf swertn
der noch swach stark Jude Dy syn eyn
kern vnd fundament seyn alles fechtens vnd
sey vil eyner fechtens kan weis her nun des
fundamentz nicht zo wirt her oft bey seyner
kunst beschemet vnd dy selben wörter sint
dor oft aus gelegt wen si nur of das gehe
das eyner immer in motu sey vnd nicht
beyer aber lasse das ien icht zu slage kome
wen der nach bedewten vorslag vnd noch
slag als vor oft ist geschreben vnd das
hebet of das dar do heisset principui vnd
finis anhebunge vnd endunge wen eyn arst
gut fechter sicht dorbin mit eyme das her
mit syner kunst eyne wil slach vnd nicht
geslage werd is vnd das mag her nicht tue
an anhebunge vnd ane endunge wil her
dene wol anheby zo schaffe her das her
in den vorslag habe vnd gewinne vnd nicht
ienert sey eyner der do slet of eyne der ist ie

sicher vnd das bewart der halben dene
euer der der slege mit war nemen vnd
worten wen her deme den vorslag ge-
wint vnd tuet her treffe ader vele zo
sal her dene dornoch inediate ane vnder-
loz in dem selben zusuche den nochslag
tuen das ist den andn slag den dritten
den vierdn ader den funften is sey haw
ader stich also das her vmerma in motu
sey vnd eyns noch dem andn treibe ane
vnderloz das her iy ieney nicht laz zu
slage komen Doden spricht lichtnawer
Ich sage vorwar sich schutzt key man
ane vare Hastu vornomen zu slage
mag her kleyne komen In nu als
vor oft geschriben ist vnd bis in motu
Das wort endes get of dy worter vornoch
den dem eyner den vorslag tuet vnd ien
der were sindes vnd dy weile das iener
weret vnd sich schutzt zo mag deser nicht
zu dem nochslag komen Auch get it of
dy worter swach stark dy do bezeichen den
fulen den twen eyner an dem swerte ist mit
iener vnd fulet ab ien stark ader swach
ist dornoch tut her dene noch der oft
geschriben ler Vnd das sulamet auch die
allen sachen dy principia habn ss kunheit
vischheit vorsichtikeit list vnd klukheit c
Vnd och yn allen dingen more ab her in
den vorslag gelynget den sal her nicht zo gar
kundektuen das her sich deste bas des noch
slages irholen mag Vnd sal och nicht zu
weit schreiten das der her sich deste bas eyn

[64ᵛ] sicher / vnd bas bewart / dez halben |denne iener der / der slege mus war nemen • |vnd • warten / |wen her denne den vorslag gewint vnd tuet / her treffe ader vele / |zo sal her denne dornoch / immediate ane vnderloz in dem selben rawsche den nochslag tuen / |das ist den andern slag / den dritten den vierden ader den fümften / is sey haw ader stich |alzo das her vmmermer in motu sey / |Vnd eyns noch dem andern treibe / ane vnderloz das her io ienen nicht las czu slage komen / |Dorüm spricht lichtnawer |Ich sage vorware / sich schützt keyn man ane vare / † {sine dampno} |Hastu vornomen / czu slage mag her kleyne komen / |Tu / nür als vor oft geschreben ist / |vnd bis in motu / |Das wort Indes get of dy wörter • vor • noch • |den wen eyner den vorslag tuet / vnd iener den weret • Indes • vnd dyweile das in iener weret vnd sich schützt zo mag deser wol czu dem nochslag / komen / |Auch get is of dy wörter • swach • stark • dy do bedewten daz fülen / |den wen eyner an dem swerte ist / mit ieme • vnd fület • ab iener stark ader swach ist / |dornoch tut her denne noch der oft geschreben lere /

¶| |Vnd das fundament wil vor allen sachen dy principia haben / |Kunheit / |Rischeit / |Vorsichtikeit / |list / vnd |klukheit / etc • |Vnd och yn allen dingen moze / |ab her nü den vorslag gewinnet / den sal her nicht zo gar swinde tuen |das her sich deste bas des nochslags irholen mag / |vnd sal och nicht czuweit schreiten / |das d her sich deste bas eyns

you're more secure and better protected from cuts than he is (since he must watch out for and receive your strike).

When you take and win the Leading Strike, no matter if it lands or misses, then immediately and without pause, in a single advance, deliver a Following Strike (that is, a second strike, a third, a fourth, or a fifth), cutting or thrusting, so that you're always in motion and do one after another without pause, so that you never let him come to blows.

This is what Liechtenauer means by "I say to you honestly, no man covers himself without danger." (*without damage*) "If you have understood this, he cannot come to blows."[57] Do what was often written earlier and stay in motion.

The word 'Within' is related to the words 'Before' and 'After', since when one of you delivers the Leading Strike and the other defends against it, then during and Within the covering and defense, you can come to the Following Strike well.

The word 'Within' is also related to the words 'Strong' and 'Weak' (meaning feeling), since when you're on the sword with someone and you feel whether he's Strong or Weak, only then can you do according to the oft-written teaching.

Above all things, the foundation should have the principles of audacity, speed, prudence, intelligence, wisdom, etc., and also moderation in all things. If you win the Leading Strike, you shouldn't do it so recklessly that he can deliver a good Following Strike. Don't step too widely either, so that you can recover yourself well

---

[57] Verses 40-41 and 100-101

and take another step backward or forward if necessary.

As Liechtenauer says, "Thus you will see, all things have measure and moderation".[58] Do not be hasty, consider well in advance what you want to do, and then do it boldly and swiftly toward your opponent's head or body, and never toward his sword.

When you cut with certainty toward his head or body (that is, toward the four exposures), then he often comes onto your sword without wanting to: when he covers himself, he covers himself with his sword, and thus he comes onto your sword.

This is what Liechtenauer means when he says

xi	Do not cut toward his sword, But rather seek his exposures.
xvi	Toward his head, toward his body, If you wish to remain unharmed.
xvii	Whether you hit or you miss, Always target his exposures.
xviii	In every lesson, Turn your point against his exposures.
xix	Whoever swings around widely, He will often be shamed severely.
xx	Toward the nearest exposure, Cut and thrust with suddenness.
lx	And don't hold back, So he can't come before you do.
lxi	Thus you can stand your ground Against a good man.

[65ʳ] andem schretes hindersich ader vorsich ab sichs gepürt möchte irholen / |als lichtnawer spricht |Dorof dich · zoße / alle dink haben lenge vnd moße / |Dorvm sal eyner nicht gehe syn / |vnd sal sich vor / wol bedenken was her treiben wil |vnd das selbe sal her denne künlich treiben |vnd eyme rischlich dar varn czu koppe ader czu leibe / vnd mit nichte czum swerte / |wen ab eyner im eyme gar gewislich ~~eyme~~ hewt czu koppe ader czu leibe / daz ist czu den vier blossen / |dennoch kumpt ist oft czum swerte an eyns dank / |Is das sich iener schützt / |zo schützt her sich mit dem ˢʷᵉʳᵗᵉ / |alzo das is dennoch czum swerten kumpt / |Dorüm spricht lichtnawer /

xi	|Haw nicht czum swerte / zonder ~~stes~~ stetz der blossen warte /
xvi	|Czu koppe czu leibe / wiltu ane schaden bleiben /
xvii	|Du trefst ader velest / zo trachte das du / Io / der blössen remest /
xviii	|In aller lere / deyn ort keyn eyns gesichte kere /
xix	|Vnd wer weit vmbehewet / der wirt oft sere / beschemet /
xx	|Off daz aller neste / brenge hewe ader stiche dar gewisse /[59]
lx	|Vnd dich züme io / das iener icht · e · kome wen du /
lxi	|So magstu wol bestan / recht vor eynem guten man /

---

[58] Verse 8.
[59] The word "not", which cannot be clearly assigned, is added to the side of the page.

auch schrete hinder sich ader vor sich, ab sichs
gepurn mochte u(nd) kolen / als lichtnaw spricht
dorof· dick zo ße salle dink habn lenge vnd
mosse / Vordin sal eyner nicht gehe zu· Vnd
sal sich vor wol bedenken was her treibn wil
vnd das selbe sal her dene kunlich treibn
vnd eyme iczlich(e)n dar dar czu koppe ader
zu leibe vnd nicht zu den swarten swern
ab eyn im eyme har gewißlich eyme helut
zu koppe ader zu leibe daz ist zu den vier
bloßen / auoch kunst ist eße zu sehte ab eyn
dank / als· das sich eyner schutzt / zo schutzt
her sich mit dem / also das iß auoch zu sehte
kunst / Dorvm spricht lichtnaw / halt nicht
zcum slahe / Zonder stets der bloße warte /
zum koppe zu leibe wiltu ane schade bleibn /
du treffst ader deleist / zo trachte das du /
der bloßen remest / In aller lere / den ort
keyn eyns gesichte kere / Vnd wer weit vmb=
heuet / der wirt oft sere beschemet / Off das
aller neste / brenge helwe ader stiche dar ge=
wisse / Vnd dich zume iu / das ein icht e
kome wen du / Hor magstu wol bestan / recht
vor eyme guten man /

[65ᵛ] (Blank)

Select Bibliography

Primary source

Germanisches Nationalmuseum, ms. 3227a.

Literature

A lot of important literature on the ms. 3227a has been published in German, but I am limiting this bibliography to English-language sources. For relevant German materials, you can consult their bibliographies.

ACUTT, JAMES (2010). *Knightly Martial Arts.* Lulu.com.

ALDERSON, KEITH (2014). "Arts and Crafts of War: *die Kunst des Schwerts* in its Manuscript Context." *"Can The Bones Come to Life?": Insights from Reconstruction, Reenactment, and Recreation*, Vol. 1. Wheaton, IL: Freelance Academy Press. pp 24-29.

BURKART, ERIC (2016). "The Autograph of an Erudite Martial Artist. A Close Reading of Nuremberg, Germanisches Nationalmuseum, Hs. 3227a." *Late Medieval and Early Modern Fight Books. Transmission and Tradition of Martial Arts in Europe (14th-17th Centuries)* (*History of Warfare*, vol. 112). Ed. DANIEL JAQUET, KARIN VERELST, and TIMOTHY DAWSON. Leiden: Brill. pp 451-480.

VODIČKA, ONDŘEJ (2019). "Origin of the oldest German Fencing Manual Compilation (GNM Hs. 3227a)." *Waffen- und Kostümkunde* 61(1): 87-108.

ŻABIŃSKI, GRZEGORZ (2008). "Unarmored Longsword Combat by Master Liechtenauer via Priest Döbringer." *Masters of Medieval and Renaissance Martial Arts.* Ed. JEFFREY HULL. Boulder, CO: Paladin Press. pp 59-116.

Acknowledgements

I will first thank KENDRA BROWN, not only for proofreading some of the first drafts of this translation, but also for putting up with being ignored for hours at a time as I worked on it (and reminding me to come up for air sometimes).

I also thank the proofreaders of various drafts, including KRISTEN ARGYLE, MATTIAS BRÄNNSTRÖM, JACK BERGGREN-ELERS, JACK GASSMAN, and CARRIE PATRICK.

This work is only possible due to the prior contributions of many, many scholars over the course of the past five decades, which slowly expanded our understanding and built up the foundation of knowledge that we take for granted. I've already acknowledged prior work on this manuscript, but I will do so again: DIERK HAGEDORN and ONDŘEJ VODIČKA both undertook to transcribe this text and make it more readily accessible for us all. My understanding of this manuscript was shaped by the translations and analysis of JAY ACUTT, JENS P. KLEINAU, DAVID LINDHOLM (and friends), THOMAS STOEPPLER, GRZEGORZ ŻABIŃSKI, and especially CHRISTIAN TROSCLAIR, whose generosity with his translation talents has been an enormous influence on not just this book, but our whole community. Without his efforts, Wiktenauer itself would be a shadow of what it is.

I thank my various training partners over the years in ARMA Provo, True Edge Academy, Forte Swordplay, the Cambridge HEMA Society, and Athena School of Arms, and the great fencers who have been my teachers, including JAKE NORWOOD, STEW FEIL, ELI COMBS, MIKE EDELSON, CORY WINSLOW, and NATHAN WESTON. Our community is a remarkable venture, and we have built remarkable things together.

And finally, thank you to all the people who have used and helped improve the Wiktenauer. Were it not for my successes there, I don't know that I would still be doing HEMA today.

About the Author

Michael Chidester is the Editor-in-Chief of Wiktenauer and, as Director of the Wiktenauer, an officer of the non-profit HEMA Alliance.

Michael has been studying historical European martial arts since 2001. He was a member of the Association for Renaissance Martial Arts until 2006, where he achieved the rank of general Free Scholar, and he acted as the ARMA Provo Study Group Leader from 2007 until its dissolution in 2009. Michael co-founded the True Edge Academy of Swordsmanship in 2009, and until late 2010 was senior instructor at its Provo, Utah branch.

In 2012, Michael was appointed to the newly-established position of Director of the Wiktenauer by the HEMA Alliance general council, formalizing the role of principal designer and editor that he had assumed in early 2010. As Wiktenauer lead, Michael has assembled the most complete catalog of HEMA manuscripts currently available, including such resources as scans, transcriptions, and translations, and is currently laboring to assemble a similar catalog of printed treatises. In 2013, these efforts earned him a HEMA Scholar Award for Best Supporting Researcher.

Michael has lectured on Medieval and Renaissance martial arts at the *Historical Swordplay Symposium* at the Massachusetts Center for Interdisciplinary Renaissance Studies (including offering the keynote in 2014), *Life, the Universe, & Everything: the Marion K. "Doc" Smith Symposium* at Brigham Young University, and numerous HEMA events in Europe and America including *Blood on the River, Broken Point, Fechtschule America, Fechtschule New York, HEMAG Dijon*, the *Iron Gate Exhibition, Longpoint, Meyer Symposium*, the *Purpleheart Armory Open, Swordsquatch*, and the *Western Martial Arts Workshop*.

He has authored or edited various books, including *The Flower of Battle: MS M.383* (forthcoming), *"…eyn Grunt und Kern aller Künsten des Fechtens": The Long Sword Gloss of GNM Manuscript 3227a* (2020), *The Illustrated Meyer* (2019), *The Recital of the Chivalric Art of Fencing of the Grand Master Johannes Liechtenauer* (2015), and *The Flower of Battle of Master Fiore de'i Liberi, Volume I* and *Volume II* (2015).

In 2010, Michael received a Bachelor of Arts in Philosophy from Brigham Young University, with minor degrees in Logic and Military Science and additional coursework in Italian and Spanish. He developed a certain fluency in the latter while living abroad in Mexico from 2002 to 2004.

Michael is a Research Scholar of the Meyer Freifechter Guild, a founding member of the Society for Historical European Martial Arts Studies (SHEMAS), a member of the Western Martial Arts Coalition (WMAC), and a Lifetime Member of the HEMA Alliance.

www.ingramcontent.com/pod-product-compliance
Lightning Source LLC
Chambersburg PA
CBHW040800240426

43673CB00015B/406